吴焕加 著

中外近现代建筑引论

U0301738

中国建筑工业出版社

图书在版编目（CIP）数据

中外近现代建筑引论／吴焕加著．—北京：中国建筑工业出版社，2018.5

ISBN 978-7-112-21979-7

Ⅰ．①中… Ⅱ．①吴… Ⅲ．①建筑艺术－评论－世界－近现代 Ⅳ．①TU-861

中国版本图书馆CIP数据核字（2018）第053317号

责任编辑：董苏华　李　婧
书籍设计：锋尚设计
责任校对：芦欣甜

中外近现代建筑引论

吴焕加　著

*

中国建筑工业出版社出版、发行（北京海淀三里河路9号）
各地新华书店、建筑书店经销
北京锋尚制版有限公司制版
北京京华铭诚工贸有限公司印刷

*

开本：880×1230毫米　1/32　印张：8¼　字数：262千字
2018年7月第一版　2018年7月第一次印刷
定价：**42.00元**
ISBN 978 – 7 – 112 – 21979 – 7
（31860）

盖房子、造建筑的历史异常久远，萌芽状态的不说，古代埃及、古代希腊的陵墓、神庙和宫殿建筑在造型方面已达到极高的水平。此后数千年，世界上又陆续出现过多种有影响的建筑体系。本书专注于近代和现代的世界建筑，对于古代和中世纪的建筑略去不谈，为什么呢？

意大利学者维柯（G. Vico，1688—1744年）指出，人类的历史普遍经历三个大的时代，即"神的时代、英雄（王）的时代和人的时代"。

"神的时代"拖延很久，而"王的时代"不久就来到，两者重叠，往往紧密结合。

在很长的历史时期中，大多数平民百姓的居住状况处于自生自灭的状态。拿极差的"人居"与顶级的"神居"和"王居"相比较，如明清故宫与北京旧日的"龙须沟"，自然不可同日而语，不过，两极之间存在大量中间层次和中间品质的房屋建筑，差别逐渐过渡。

随着社会经济、政治、科学的发展和思想观念的变更，神权和王权逐渐收缩消退，世界上越来越多的地方进入了以人为主的"人的时代"。

世界近现代历史的分期有多种方法，一般以1640年英国资产阶级革命为重要节点，此后许多地区步入"近代"。到20世纪前期，许多地区更先后进入"现代"时期。再后，为了突出当前时段，又称当前为"当代"。

1769年英国人瓦特改良蒸汽机，英国最先开始工业革命，接着传播到欧洲和美国。20世纪法国哲学家福柯（Michel Foucault，1926—1984年）认为："200多年前欧洲工业化是一场对全世界以农耕为基础的传统乡土社会的第一轮冲击。

最近30年的互联网技术带来的变革是另一轮革命性冲击。"（转自赵旭东，循环的断裂与断裂的循环，中国人民大学资料《文化研究》，2016-9）中国学者也指出："现代化指工业化，工业革命带来的政治、经济、文化各方面的全部社会转型，是大革命，不是小革命。"（魏楚雄，学术会议发言，《文汇学人》，2016.9.30）

随着社会大转型，在建筑方面，宫殿、教堂、庙宇、陵墓不再独占鳌头，实用性和生产性的建筑如工厂、商业建筑、办公楼、宾馆、公众性居住建筑等的建筑类型和数量剧增。这些建筑物是为了直接满足人的实际需求而设计、建造的。

法国国王路易十四设立建筑学院，专门为自己培养高级建筑师，不准他们为其他人服务。类似地，古代中国的朝廷也规定严格的建筑等级制度。

到了近现代，社会各行各业的许多建筑物需要高级建筑技艺，原来的限制被突破了，建筑的目的、服务对象与先前大不相同，建筑业终于从为神权和王权服务的狭窄轨道上转换到真正且直接为人自身服务的方向来了。

在"人的时代"，国家机构、社会组织、家庭和个人对房屋建筑提出的需求比神和王的时代广泛得多，需要解决的问题复杂得多，困难得多。建筑学的内容与牵涉面大大扩展，建筑设计和建造实践牵涉多个专业、多个工种。近现代的建筑师必须掌握多种学识和技能，具有广阔的文化视野和艺术素养。围绕建筑学术形成了一个学科群，建筑学的范围与边界扩大了，成为一门显学。

过去千百年，建筑行业实行师父带徒弟、边干边学的培养方式。即使在欧美发达国家，高等建筑教育出现得也很晚，只有200年左右的历史。原因要到建筑行业本身的特性中去寻找。

在近现代社会，"建筑"（architecture）量大面广且普化，

"房屋"与"建筑"的区分渐渐模糊，建筑师（architect）也成了现代社会中令人羡慕的一种自由职业。

古代和中世纪的建筑史对我们是重要的，但它们的时代毕竟离我们太远，社会背景与今天差距太大。那时的建筑物与我们近现代实际要用的建筑之间有非常大的差异。就中国来说，从建筑转轨和转型需要借鉴的角度来看，外国近二三百年的建筑成就和经验，对于我们相对地更适用、更对口，因而更有参考借鉴的意义。而建筑史和建筑理论研究中遇到的许多问题，属于精神世界的复杂问题的范围；在近现代也有多方面广博细致的研究，可供参考。

一百多年来中国建筑业的实践，即是这样过来的。

这是这本小书专谈近现代建筑的缘由，书名原是课程名，"引论"的意思是盼望引起讨论。

2017年8月

目 录
Contents

第一部分

● 第一部分

关于建筑的
基本认识

第1章

维护人类存在的人造物

1.1 维护人类存在的人造物

人类很早就制作容器，用以盛水贮物。容器是有口的中空体，内里贮物，开口处让贮物进出。

房屋也是中空体，包容人自身和人的活动。从这一点看，首先，房屋可看作大型容器，区别在于其体量远大于其他容器；其次，房屋建筑立于天地间，要能抵挡风雨雪雹、温度变化、洪水地震等自然力的侵袭破坏，须相当坚固和耐久，不能像编织器、陶器、瓷器那样易损易毁，因为人的身家性命都托付给所用的房屋建筑了。因而，建造房屋之事从来都是一项重要、艰巨、高投入、有风险的大事，必须严肃对待它。

房屋建筑与人的关系复杂、多样、长久，它们把人和人的活动包容在它的内部。人的一辈子从出生开始，除了特殊时段，都需要房屋建筑。各种各样的社会活动，无论生产、经济、政治、文化、教育、信仰、交通、军事、娱乐、休闲，无论快乐的事、喜庆的事、悲伤的事，都离不了房屋建筑。每个方面都要有相应的房屋建筑，才能正常地进行。房屋建筑的用途之广，类型之多，差异之大，难以描述。

除物质方面的需求，人同时又有精神文化方面的需求，包括民族的、宗教的、政治的、伦理的、道德的、习俗的，以及审美、情趣、禁忌等各方面的需要。精神文化需求多种多样、细致、敏感，有的很奇特、很持久。

例如，今天我们认为住房是为活人建造的，可是，过去的人有不同的观念。他们认为房子不仅供活人住，鬼神也会同住。自家先人的魂灵冥冥中会来陪伴后代，其他神灵也会不请自来。旧时老屋的院墙上常有"灶王爷"的壁龛。20世纪中期，有部外国电影，片名《鬼魂西行》。讲一位美国富翁买了一座英国古宅，将它拆运到美国，复建后宅子时常"闹鬼"，后来查明，是原本住在英国老宅里的鬼魂也跟着漂洋过海抵达新大陆，继续住在复建的老房子里。

　　房屋建筑是多维、多元、多面的人造物：既是物质的，又是精神的；既是理性的，又是感性的；既是技术，又是艺术；既要满足生理需要，又要满足心理需要；既反映人的主观意识，又反映人的潜意识；既是空间的，又是时间的；既是当下的，又是绵延的；既是实用之物，又是象征符号；即便是私人财产，也具有社会性；既表现人的个性，又传达群体性；既能成为审美对象，又是不动产和投资对象；既能令人陶醉，又会给人带来灾害；既是合家团聚的场所，又是法律纠纷和激烈争斗的起因。

　　人在地球上生存于两种环境中，一是自然环境，一是人工环境。自然环境中的土地、山川是自然存在，动植物是自然物种。在人工环境中大量存在且发挥主要作用的是房屋建筑，可称为"人造物种"。两类都品种繁多，遍布世界，生生不息。自然物种是人类的朋友和靠山。房屋建筑这个"人造物种"从原始时代到今天庇护人的生存繁衍，对人类的存在起着全覆盖的保障功能。

1.2　人为自身建构的特殊物体

　　房屋建筑主要以实际使用为目的，但它还兼有更多的其他用途，是一种多元、多维的人造物。

　　与自然科学相比，建筑学多了社会性；与人文社会科学相比，建筑学多了科技的内容；与艺术品相比，建筑学多了对实用的追求；与哲学、宗教相比，建筑学多了对物质问题的探究。建筑师要为各种各样的人、多种多样的需求服务，从人最起码的需求到大款大腕们最高层级的享受都会涉及，都得研究，建筑师所需的知识五花八门，范围很广。

　　建筑学包含科学的内容，但不是严格意义上的科学，从古至今也不是单纯的技术。建筑物带有艺术的成分，但总体上不是艺术品。建筑的艺术性以房屋为载体，依附于房屋内外的实体和空间。从艺术分类学的角度看，建筑至多只能归入实用艺术或实用美术的范畴，称之为"工艺品"极合适。

古罗马的马克森提巴西利卡遗迹（砖拱结构）（约公元307—312年）

　　人与房屋建筑的特殊关系还可多说几句。房屋建筑与人身和人的活动密切相关、接触紧密，还与人心相通。在满足人的实用需求的同时，又将人的相当一部分心理、心思、情感、喜好、记忆和信仰固化于其中。在过去流动性很低的时代，人长时间待在一处房屋中，生于斯、长于斯、终老于斯，长期被所住的房屋包容，数十年厮守，几乎融为一体。"家"的概念与住屋紧密关联。大家对自己住过的房屋，长期待过的建筑，尤其是自家的祖屋、出生和小时候住过的房舍，以及心仪的名人的故居，常会怀有很深的感情，生发许多的怀念。

　　所以，房屋建筑虽由冰冷坚硬的物质材料构成，却给人带来温暖和情感慰藉。建筑上常见之物及其形体样貌，大到总体格局、房屋样式，中到习见的结构构件、门窗样式，小到木料纹理、石材颜色质地、一个石墩、一对门环……都能成为人们赏心悦目、念念不忘之物。在房屋建筑中，那些特定的物料和形象，被赋予人性和人情，成了特别的人化的物质与人化的形式。

　　人与房屋建筑之间为什么会出现这些关系？这与人的记忆大有关联。

罗素（Bertrand Russell，1872—1970年）曾说："人的精神的实质是记忆，没有记忆就没有精神"，又说，"人的记忆具有社会的、文化的、集体的属性。"

建筑是人为自己的生活和生产建构的特殊的物体，是多元、多维、多因子、多层级的人造物。今天，比房屋建筑复杂的人造物多得很，而房屋建筑的复杂性在于其性质上的多面性和矛盾性。

因而，建筑和建筑学与其他人造物相比，有很多特殊之处。

1.3 材料-建构技术

我们观看房屋建筑，通过视觉和触觉，首先感知到的是各种各样的建筑材料：早期建的房屋多用土、木、砖、瓦、灰、石，现在的多用钢、铝、玻璃、塑料、水泥和混凝土。人们用这些材料做成墙、柱、楼板、屋顶、门窗、台阶、栏杆等，组成房屋建筑。

过去几千年建造房屋建筑用的是天然或手工制的材料。工业革命后第一个大变化是钢铁用于建筑业。19世纪40年代，恩格斯在英国，描述当时的情况说，"发展得最快的是铁的生产，……铁的生产成本大大降低，以至过去用木材或石头制造的大批东西现在都可以用铁制造了。"[1] 接着，多种工业生产的材料和建筑设备出现在建筑中。

人把巨量的建筑材料聚在一起，构筑成能容人在其中生存活动并相当坚固耐久的中空体。建房需要运用多种建构技能，其中最关键的是结构技术。

建造房屋建筑用的材料种类由少到多，建造技术由简单粗放到复杂精细，经历了漫长的发展过程。建筑史首先是建筑材料和建筑技术的历史。

第2章

房屋建筑的实质

2.1 房屋建筑是实体与空间的耦合体

房屋建筑都有墙壁、屋顶、地面、门窗等用物质材料构筑的实在的组成部分，又有各种各样能进人容物的虚空的部分。前一类是建筑实体，后一类称建筑空间。那么，建筑中的实体与空间是什么关系？

中国古籍《老子》在两千多年前就谈到这个问题。不过，围绕《老子》的文本，长期存有不同的理解。

学者张松如介绍说："《老子》这部书，自先秦流传至今，有许多种本子。本多舛异，字多殊谊，历代诠诂论证的专著文章，不可胜数，在看法上存在着很大分歧。异文异义，莫所适从，初学浅读，困难孔多。"[1]

长期流传的老子《道德经》第十一章的文字及断句如下：

> 三十辐共一毂，其当无，有车之用。
> 埏埴以为器，当其无，有器之用。
> 凿户牖以为室，当其无，有室之用。
> 故有之以为利，无之以为用。

前三句在"无"与"有"处断开，多数人理解为，车、器、室的"用"是由于"无"，即器物的虚空部分的存在。所以认为在房屋建筑中，最重要的是建筑空间。20世纪西方建筑界许多人也持相似的看法，提出建筑空间是"建筑的主角"的说法。

1973年12月，从长沙马王堆三号汉墓中出土大批帛书，其中有《老子》写本。抄写年代可能在秦汉之际，是现在见到的最古的本子。这帛书抄本的《道德经》第十一章的文本中多了三个"也"字。张松如先生研究后，断句如下：

三十辐共一毂，其当无有，车之用也。

埏埴以为器，当其无有，器之用也。

凿户牖以为室，当其无有，室之用也。

故有之以为利，无之以为用。

张松如指出，老子的《道德经》中有许多指称为对立统一的哲学范畴，如老子的《道德经》第二章中写道："有无相生，难易相成，长短相形，高下相倾，音声相和，前后相随；恒也。"张氏认为"无有"也是一对哲学范畴，表明统一物一分为二，无与有是矛盾的两个侧面，"无有"是对立统一之二名。

张松如写道："车、器、物则是有与无的对立统一，唯其有生于无，故其利出于用，不单单是'无'的作用。如果无'有'，也便无'无'，在这具体的器物中，'无'正是'有'的一定存在形式，有与无都是器物的组成部分。"《道德经》第十一章最后有句："有之以为利，无之以为用。"进一步点明两方的关系。[2]

从古到今，一切房屋建筑都是实体与空间的耦合体，只是两方在具体状况、规模、比重、耦合的复杂程度等方面存在极多极大的差别。谁都知道，没有茶壶的实体部分，就没有茶壶内部的空间，没有建筑物的实体部分，也没有建筑空间。

进入20世纪，建筑空间-时间成了建筑学界的热门话题，原因是：一，出现了前所未见的新的建筑空间样态；二，科学家提出新的时空学说，艺术界的新流派推出新的造型观念和表现手法。

新建筑空间的出现，首先是由于构筑建筑实体有了新的建筑材料和技术。

构筑建筑实体的技术进步是由于社会生活有了新的需要，更由于钢铁水泥玻璃的大量运用，以及结构科学的重大进步。

19世纪后期和20世纪初期，西欧大城市出现不少用钢铁造的大跨度铁路站棚，是当时令人惊异的新型建筑空间之例。而在此前后，科学家如爱因斯坦等推出许多新的物理学理论，影响了人们关于时间空间的观念。

另一方面，从19世纪后期开始，欧洲美术界出现众多新流派，如立体派、表现派、风格派、构成主义、超现实主义等，新派美术家摆脱单一固

汉堡火车站内景——大跨度钢结构建筑

定视点的静态的表现方法，在绘画中对物体与空间加以分解和简化，吸收非欧几何的做法，采用体、面、线相互穿插、贯通、悬挑、错搭的组合方式，利用透明、半透明、反射的效果，从上方、下方、外部、内里加以多角度的表现，取得多视点同时性的动态表现效果。

1929年，德国建筑师密斯·凡·德·罗设计的巴塞罗那国际博览会德国馆，体形不大，但建筑空间非常新颖。德国馆没有通常意义的门窗，有的只是墙板中断形成的缺口，内部空间开敞通透，此处和彼处，这边和那边，内部和外部没有完全的区分，处处隔而不断，围而不死。这种空间布局引出一个现代建筑常用的一个术语，即"流动空间"或"流通空间"。

建筑实体与建筑空间互为条件，互相依存，相互促进，没有建筑实体就不会有建筑空间。《道德经》中的两句话"有之以为利，无之以为用"，将建筑的实体与空间的关系讲得透彻而精准。

清代学者纪晓岚写道，"天下之巧，层出不穷，千变万化，岂一端所可尽乎。"[3]建筑的实体与空间的发展进程也是如此。2016年香港凤凰卫视在

1889年巴黎博览会机器陈列馆的钢铁结构（跨度115米）

北京新建名为"凤凰中心"的大厦，是一座别具匠心的弯曲浑圆的大楼，
应验了纪晓岚的这一论点。

2.2　房屋建筑是物质文明与精神文化的耦合体

建造房屋是一项工程活动，但不是单纯的工程活动。建筑师与土木工

程师、机械工程师、电机工程师等类的工程师有一个重要的区别：工程师的工作对象主要是物，关注的重心是物质性课题；而建筑师在设计工作中，摆弄的是物，服务的对象是人，建筑师要向人负责。评说一个建筑的成败优劣，从整体到细部，看它是否满足人的需要，是否令人满意。

建筑工程也要处理物与物的关系，如建筑物重量与地基承载力，高度、跨度与强度，结构与地震力，造价与投资等的关系，都必须妥善处理。它们是必要的先决条件。可是把这些问题都解决了，还不等于有了好的房屋建筑。

人有思想，有心理活动，有记忆，有信仰，有伦理，有情感，有爱憎，有担忧，有禁忌，这些方面受时代、种族、阶层、家庭、传统、习俗、教育、时尚、价值观等多方面的影响。细论起来，这些方面比人的物质方面的需要更复杂、更多样、更细微、更深刻，充满变数，充满不确定性，相当"难缠"。

人们在筹划、选择、安排与房屋建筑有关的一切事情时，都要考量物质和精神两方面的需要、问题和条件。我们自己在购房、租房时，搬家时不都是这样做的吗？近些年，许多北京人搬离四合院，住进住宅楼了，可是不少人还要继续住四合院，就是不愿离开。他们不是不知道楼房设备好，卫生方便，但他们内心有"四合院情结"，这一精神因素在起作用，老辈人尤甚。

人的理念、情趣……何以会显现和凝固在建筑之中？

精神的东西转化到物质的东西中，是"物化"的现象。物化如何发生？关键在于人的劳动、劳作、制作。借助劳动资料使劳动对象发生预定的变化。

马克思写道："在劳动过程中，人的活动产品是使用价值，是经过形式变化而适合人的需要的自然物质。劳动与劳动对象结合在一起。劳动物化了，而对象被加工了。在劳动者方面曾以动的形式表现出来的东西，现在在产品方面作为静的属性，以存在的形式表现出来。"[4]

人按预定的目标对物料进行加工和塑形，制品呈现出能满足使用需要的形态，制作者一面使之合用，一面按自己的观念在形式上作一定程度的处理和调整，人的意图、思想、情感……即精神的东西，相应地融入加工对象，物化于器物。

我国古代青铜器精美奇异的形象，是数千年前的匠师通过制范、模铸等手段制作出来的。匠师们按一定的构思塑造铜器的体形，时代的理念在制作过程中物化于器物中。那种构思"作为静的属性"，在青铜器上"以存在的形式表现出来"。

我们容易看到的事例是篆刻。篆刻家构思的印章图形，经过他手执刻刀在石料上的运斤操作，通过冲刀、切刀等技法，将脑中构想的图像、字形，"以存在的形式表现出来"。在这个过程中，篆刻家心中的意象，化为手中的意象，继而固化于石章上，成为印章的"静的属性"。篆刻家的艺术意象，经过物化，成为能够穿越时空的艺术品。

我们把一张纸折一下，纸上留下折痕，也是一种物化。所以，思想、观念等精神的东西物化于人造器物之上的现象十分普遍。人工建造的、又与人多方面持久接触的房屋建筑也是这样。

有人指出，文学家写作的时候，心中装有读者，作家不时与之"对话"，了解他们的愿望和反映。艺术家在创作时也考虑到未来受众的审美能力、审美趣味。建筑师设计建筑时与此类似，在设计过程中，他心中装有业主、使用者和公众，不时考虑这些人在将来的建筑里面如何活动，有什么要求，喜欢哪样的建筑形象。设计者与相关者虚拟对话，商讨如何做出最佳方案。

经过擘画，人的物质需求得到满足，人的精神观念也被置入建筑，物化于建筑设计中。在人们入住和使用之前，那座建筑已经融入了相关者的信念、愿望和审美取向。可以说，优良的建筑在设计阶段，即预先注入了某些人气、人性、人情，及当时当地的其他文化元素。

如此这般，人的信仰、伦理、道德、风俗、人生观、世界观、审美意识等精神文化因素就或明或隐、或多或少地融入并物化于那座建筑之中了。

物质和精神两方面的因素，在房屋建筑中的会合是一种"耦合"。《辞海》对"耦合"的解释是"**两个（或两个以上）体系或运动形式之间，通过各种相互作用而彼此影响的现象**"。在房屋建筑中，物质文化与精神文化正是耦合的关系。

建房之前，如果建房之人有土地和建筑材料，却不知道要造什么样房子，提不出要什么，也讲不出喜欢什么、讨厌什么，对房屋没有任何想法，甚至提不出一个模仿的对象，如果设计者也不替他出主意，这房子就没法起造。物质因素好比是硬件，思想因素是软件，如果只有硬件，没有软件，即仅有物质材料、设备，没有任何理念、意图、想法，房屋建筑就造不起来。当然，事实上不会出现这种情况，因为造房的人，不论是房屋建筑的订货人还是建筑师，事先必定有某种的预想。

房屋建筑总是当时当地物质文明和精神文化的耦合的产物。

第3章

"建筑"与"房屋"的差别

3.1 今日中文"建筑"一词的来历

在我国古籍中，"建筑"与"筑建"两词原来都是动词，表示建造、构筑的行为。后来，又用来指称"建筑"和"筑建"行为的成果，即房屋。于此，"建筑"有了两层意思，一指建造的行动，二指房屋。

"建筑"作为英语"architecture"的译名，是相当晚的事，且有一段故事。事情发生在近代的日本。

日本近代先向荷兰学习。18世纪，日本人编印《兰和辞典》(荷兰语–日本语辞典)，编辑者将表示砌筑墙壁的荷兰词译为汉字"筑建"。

后来，日本人编印《英和辞典》，遇到了英文词"architecture"。编译者不明白这个英文词的意思，也未深究，便把编印《兰和辞典》时用的"筑建"二字颠倒一下，用"建筑"作为英语"architecture"的日文译名。

1902年(光绪二十八年)清政府筹办京师大学堂，一切按日本章程办，日本章程都是汉字，照抄就是了。京师大学堂工艺科仿日本设置学科："一曰土木工学，二曰机器工学，……六曰建筑学，……。""建筑"这个词就作为"architecture"的汉语译名来到中国。

此后，中文"建筑"成了有三种含义的多义词：(一)建造活动；(二)房屋；(三)指称"architecture"。

今天我们遇到中文"建筑"一词，须得辨清它表达的是哪一种含义。因为建筑公司、建筑施工队、建筑设计院、建筑系、建筑学院、建筑学报、建筑学会……都使用同样的"建筑"一词。

外语与我们不同，英语中，"建造"用"construct"，"建筑物"为"building"，大学建筑系的"建筑"为"architecture"。三个词区别明显，不会闹混。法语、德语等也分别用不同的词。

中国建筑学会的会刊名《建筑学报》；北京为施工工人办的刊物名《建

筑工人》；上海的建筑行业报名《建筑时报》，都用"建筑"。不过，细看三份刊物的英文译名，分别用了三个不同的英文字词：《建筑学报》为"Architectural Journal"，《建筑工人》为"Builders' Monthly"，《建筑时报》为"Construction Times"。中文刊名含混，外文刊名区分清楚。

3.2　古希腊人的普通房屋与"architecture"的区别

一位美国学者对古希腊盛期雅典的住房作过以下描述：

> 由卫城放眼望去，可见一片低矮的平房屋顶，看不见一根烟囱，……。街道只是小巷和里弄，狭窄而弯弯曲曲，在紧紧相连的由泥砖砌成的低矮房屋之间，蜿蜒而去。雨后穿行城区意味着要从泥浆中涉水而过。家庭所有垃圾随意扔向街道，没有排污系统，也没有清扫系统。当炎热的夏天来临，位于南方的雅典自然无卫生可言。
>
> 希腊房屋无任何便利设施可言。所谓的烟囱只是在屋顶上开个口子。……冬季来临，房子里穿堂风肆虐。……由于没有窗户，楼下房屋都得依赖通向中庭的门来采光。到夜晚，唯一可以得到的照明系统便是一盏昏暗的橄榄油灯。取水则由奴隶从附近的泉水和水井处担来。……房屋的内墙有可能粉刷过，而外墙即便也粉刷过，但很快就会剥落下来，露出泥砖。住房的简陋和缺少装修与希腊匠人制作出的精美家具形成了鲜明的对比。[1]

一位英国学者写道：

> 古希腊人的居室一般是简陋的。所以，在古希腊，至少是在公元前5世纪至前4世纪的雅典，在至今令人神往的美轮美奂的神庙建筑旁边，竟是一些简陋而杂乱不堪的民房。住宅的外面通常是一道粗墙，房屋用日晒砖建成两层，室内的墙壁只用灰泥涂抹一遍，然后外面再加粉刷。窗户非常少，……。穷人家的地面是压实平整的泥土，有钱人铺上石板，地面上铺上草垫或地毯，供人们休息用。……男人和女人在室内都光着脚。[2]

同一时期，古希腊人建造了异常精美的建筑物，主要是神庙、剧场、运动场和纪念性建筑，最著名的、最重要的是雅典卫城上一组极其精美的大理石建筑。其中的帕提农神庙建于公元前450年前后，举世闻名。

长方形的帕提农神庙底部为长70米、宽约31米的基座，四周是46根石柱构成的柱廊。神庙墙面有雕刻装饰。人们从神庙遗迹上，还可以看出当时希腊匠师高超精妙的建筑技艺。例如，神庙基座短边长31米，中间部分略微向上凸起，最高处升起6.63厘米。为什么，这是为了纠正视觉误差，如果基座做成绝对平直的水平面，人们看起来会有一种错觉：仿佛中间部分微微"塌腰"。神庙檐部的水平线也有相似的处理。人们发现神庙四角的四根角柱比其他柱子略微粗一些。这是因为转角处的柱子如果和别的柱子同样粗细，在天空背景衬托下，看起来会显得稍细。帕提农神庙柱子的中心线也并非完全垂直，而是向中心微微斜倾。中国古建筑也有类似的处理，称为"侧脚"。"侧脚"有利于结构的稳定。有的专家计算，如将帕提农神庙所有的柱子的中心线向上伸延，它们会在距地1.6公里的空中会合。总之，帕提农神庙的造型恢宏、精致、庄重、秀雅、美轮美奂，千百年来被公认是世界建筑史上的瑰宝。

在两千多年前的希腊，还有比建造帕提农神庙更重要、更高级、更艰难又更神圣的任务吗？没有了。建造神庙运用的是那个时代最高级、最精细、最尖端的技艺，所以称为"architecture"。

20世纪50年代，梁思成先生讲课时告诉学生，"architecture"这个词源自古代希腊，由"archi"及"tecture"合成。"archi"的意思是首要的、高级的；"tecture"由希腊文"techne"变来，指的是"技艺"。"architecture"的原意是"首要的技艺"或"高端技艺"。

由此，古希腊时代的"architecture"指的是"高级技艺"或"高端技艺"。

中国战国时期思想家、哲学家、文学家庄子（约公元前369年—前286年）说："能有所艺者，技也。"[3] 这一观点也将"艺"与"技"联系在一起，指明两者的关系。庄子的看法与古希腊人不谋而合，应予重视。

古希腊的神庙、剧场、竞技场等建筑具有重要的宗教的、政治的和公共的意义，要求高，难度大，用料贵重，必须运用当时顶尖的建造技艺。属于"architecture"的范畴。至于前面介绍过的一般希腊人住用的房屋，有一般的技艺（techne）就够了。

过去北京老百姓盖房子，请几位木匠、泥瓦匠和裱糊匠，即今天的"草根匠人"就够了。皇家建宫殿、坛庙、陵墓是另外一回事，要有高水平的专门班子。清代的"样式雷"就是皇家御用的专门班子，匠师技艺超群，中国传统的、经典的、水准最高的"architecture"掌握在他们手里。

世界各地历史上的建筑杰作，都不外是神庙、寺院、教堂、宫殿、陵墓、官府、邸宅等。在很长历史时期中，只有这些建筑物有需要也有条件讲究质量，注重形象。它们是"architecture"的成果，各种建筑史著作主要论述的也是"architecture"的历史。

粗略地看，可以说"建筑"比"房屋"多一些东西，多出的东西属于精神的、心灵的、记忆的、文化的、信仰的、宗教的、伦理的、象征的、表意的、符号的范畴，这些超越物质的实用范围。

人们很难从字面上看出中文"建筑"与"architecture"的关联。当初日本辞典工作者将这个外文词译成汉字"建筑"，遮蔽了"architecture"的原意。后来有日本建筑学家想改译也未成功。

好在译名问题也不是大不了的事，遇到麻烦，多用些笔墨，多费些口舌也能把意思交代清楚。目下的做法是根据事情的性质和特点，视不同的场合和语境，在"建筑"的后面加上不同的后缀，如建筑物、建筑业、建筑学、建筑设计、建筑技术、建筑施工、建筑构造、建筑艺术、建筑功能……便可解决问题。

3.3 建筑与房屋相通而有差别

世上很多同类事物常因等级质量的不同而有不同的名称。一般人家煮饭烧菜叫"做饭"，制备酒席佳肴称"烹饪"；平常人书写叫"写字"，少数高手写出来的才称"书法"；人人能照相，拍出的是"照片"，摄影家拍出的是"摄影艺术作品"。

古代社会的"神权"和"君权"能够建造的"architecture"的数目毕竟有限。到了近现代，财富总量大大增加，掌握财富的机构和人数也大为增多，在大城市中，高等级的建筑物在房屋建筑总量中的占比大增。过去，高端建筑如凤毛麟角，十分稀罕。如今"architecture"走下神坛，越出宫廷，遍布各处。

　　语言现象非常复杂，学者认为词义的变化是因特定语境的习惯用法而产生的，改变必须依赖社会成员的共同意向。因而语义的演变可以说没有规律。有一次，我对学生说，我们系叫"建筑系"，建筑学会出《建筑学报》，施工公司叫"建筑公司"，建筑工人属"某某建筑队"……，一词多义。学子们一听就叫嚷起来，主张禁止别人再用"建筑"一词。这很痛快，不过办不到。公元前3世纪，中国古代思想家、文学家、政治家荀子已经指出："*名无固宜，约之以命。约定俗成谓之宜，异于约则谓不宜。*"4"建筑"含义的分化、细化和改变要有广大群众的支持，必定是一个漫长的过程。

　　仔细观察，可以发现，现在公众谈到房屋建筑时，用语已出现分化。如把普通的房屋称"房屋"，买住宅称"买房子"。而把重要的、特殊的"房屋"称为"建筑"。很少有人把天安门、天坛、人民大会堂、国家大剧院称作"房屋"，而是称之为"建筑"。

　　"建筑"与"房屋"之差异，渐渐减少，渐趋模糊，两者没有明确的、固定的界限，而存在大片模糊的过渡阈，也属于有区别无界限状态。

第4章

建筑学术的性质

4.1 建筑学是一门制作性学术

世上学术多种多样,分类方法也很多。

> 亚里士多德把学术分为三大门类:"理论的学术"(相当于今天的自然科学和哲学)、"实用的学术"(相当于今天的政治学和伦理学等)以及"制作的学术"。理论的学术用来"解惑",它以无关于实用的"根本原因"和"原理"为标的,是"纯粹理性"的疆域。实用的学术用于探索社会交往关系,是"实践理性"的疆域。制作的学术,其要旨在于通过一定的经验和技艺实现某个具体目的,属于"工具理性"的疆域。[1]

古今认识有差异,但对建筑学术属于"制作的学术"的认识基本一致。

制作活动、成器行为,包括器物制造,是人类最早的活动之一,建造行为也在其中。最初的建造物是信仰的产物,献给神的,英国索尔兹伯里的环状巨石阵(公元前3000年)是一例。接着是为君王们建造的宫殿,是王权统治的需要。对大量的一般人的居住需求直到近代才受到重视,是很晚的事。

任何时候,稍微重要的建造活动都不是孤立的、自主的行为,总是与生活、世界众多方面紧密关联。建造需有许多条件,最关键的有二:一,建筑材料,二,有建筑技艺的人。建筑材料早有专门部门负责。随着时代的演变,建筑技艺逐渐分解,最显著的是建筑施工与建筑设计分离。施工是技艺,人们有共识,建筑设计是什么,看法不一致、不明确。

建筑设计者需有多方面的知识,有识见、有文化,但不够。完成一项建筑设计任务必须心、眼、手联动,有空间想象力,有塑形造物的能力,在什么都没有的时候，预想出二维、三维、四维的未来的建筑模样，既明白当今审美的趋向和时尚，懂非线性，造型还巧妙……他不仅自己脑子想，又要画出来，做成模型，传达给他人。总而言之，做建筑设计必须心、眼、手联动，动脑又动手，有熟练的手上功夫。

这些都得长时间地学习、磨练、积累，才能学会，方能提高。所以大学建筑专业的学生，听课不多，大部分时间花在做建筑设计的习作上。老师上设计课主要是"改图"。建筑专业的学生不单学知识、学理论，更重要的是逐步掌握手脑并用的本领、能耐、功夫，这是一门特殊的技艺。

建筑设计的高手达人，就是在这方面本领大、能力强、功夫深的人，他们面对多种多样的设计任务，都能从容思忖，拿出方案。过去人常讲"家有良田千顷，不如薄技在身"，建筑设计显然在"薄技"之列，不过并不"薄"，是"高大上"的技艺。

两千多年前，古希腊人也有这个看法，所以他们把今日名为"建筑"的人造物直接叫作"高端技艺"——architecture。

4.2 "形式大于内容"

20世纪美国哲学家奥尔德里奇（V.C.Aldrich）在所著《艺术哲学》（1963年）中写道：

> 关于建筑，……就它是一种艺术来说，它基本上是形式的。严格说来，作为一种艺术，建筑既没有内容，也没有题材。它是一种"不纯的"艺术，所谓"不纯"不是指建筑结合了若干种艺术（如歌剧那样），而是从一种更基本的意义上，说它在严格的艺术领域之外，还有别的立足点。[2]

在这位哲学家看来，雕塑、绘画、音乐、舞蹈、戏剧、诗歌和文学是"纯艺术"（pure art）和"精美的艺术"（fine art），为艺术的正宗。建筑艺术则被看成"不纯"、"不完善"的艺术，虽被勉强纳入艺术之列，却是艺术家族中的另类。

康德也重视形式，他说"在所有美的艺术中，最本质的东西无疑是形式。"

黑格尔认为"美的要素可分为两种：一种是内在的，即内容；另一种是外在的，即内容所借以现出意蕴和特性的东西。内在的显现于外在的；就借这外在的，人才可以认识到内在的，因为外在的从它本身指引到内在的。"[3]

可是实际情况并非这么简单。一本《唐诗三百首》，唐诗是书的内容，诗有五言古诗、五言律诗、五言绝句、乐府、七言乐府……之别，这是诗的形式。同时，《唐诗三百首》有的线装，有的铅印，有的软面，有的硬面，现在还有电子版书，这些算不算书的"形式"呢。

线装、铅印、硬面、软面显然是那本《唐诗三百首》的外在形式，源于所用的材料和技艺。由此可见，单说书籍，就有两种"形式"概念。两种"形式"，其一是与书的"思想内容"相对应的"形式"，另一是与书的"质料"相对的"形式"。前者与书的思想内容相关，后者是一种独立的、外在的、物性的存在。

古希腊的亚里士多德起先认为事物的产生、变化和发展有四个内在原因：质料、形式、动力和目的，也称"四因"说，后来合并为"质料"与"形式"的"二因"说。可见将"形式"与"质料"对应的观点，比黑格尔将"形式"与理念"内容"对应早得多。有学者认为将两种"形式"概念加以区别是黑格尔的功劳。[4]

进入20世纪，美学家进一步发掘阐释形式观的多元化和形式本体的多层次性。在不同艺术作品中，对形式应分层次、多角度、多方位地解剖和阐释，形式是一个审美范畴，既是一个定量，同时又是一个变量甚至变体，并非一成不变，也并不是可以一言以蔽之的。[5]

回到建筑问题上来。

黑格尔指出：

> 建筑的任务在于对外在无机自然加工……它的素材就是直接外在的物质，即受机械规律制约的笨重的物质堆；它的形式还没有脱离无机自然的形式，是按照凭知解力认识的抽象的关系……来布置的。用这种素材和形式并不能实现作为具体心灵性的理想，因此，这种素材和形式……外在于理念而未为理念所渗透……因此，建筑艺术的基本类型就是象征艺术类型。[6]

在象征型艺术里我们所见到的不是内容和形式的统一，而只是内容和形式的某种联系，只是用外在于内容意义的现象去暗示它所应表现的内在意义。[7]

的确，在建筑中，物质因素产生的形式占比很大，思想内容造成的形式相对小。所以有人认为建筑的特点是"形式大于内容"，也称"形象大于思维"。

这一现象的实质是物质因素在建筑形式的生成中所起的作用大，思想因素的作用小，"形式大于内容"是"物质大于思想"的结果。

公元前438年，用10年时间建造的雅典卫城上的帕提农神庙落成，内置希腊人信奉的雅典娜女神。公元5世纪神庙被改为基督教教堂，奉献给圣母玛丽亚，入口由原来的东面改到西面。1456年又由基督教教堂改为土耳其人的清真寺。1687年，威尼斯军队围攻雅典，土耳其人将神庙用作火药库，被炮弹击中爆炸，建筑损毁严重。1821—1829年希腊独立战争期间，卫城多次成为战场，建筑被毁，残缺不全。

君士坦丁堡（今土耳其伊斯坦布尔）的圣索菲亚大教堂建于532—537年，在查士丁尼皇帝督导下用5年零10个月建成。创造性地发展了拱券结构。内部装饰用大量金、银、宝石、象牙、十几种大理石，耗资折合14.5万公斤黄金。一切都为了建筑形式。索菲亚大教堂原初是东正教的教堂，15世纪时，土耳其人将它改作清真寺。

上述两处伟大建筑的命运表明，具有一定"形式"的建筑完成以后，在其存在期间，该建筑的"内容"会多次改变，这种情形在哲学家、美学家那里被概括为"形式大于内容"或"形式重于内容"。

建筑中的物质因素如使用要求、材料、结构、构造多数是具体的、硬性的和第一性的。这些情况妨碍思想观念充分的、自由的表达，因此，房屋建筑表达的思想观点只能是概念性的、不清晰的、模糊的和象征性的，仅能大略显示订货人、有关方面和设计者大致的文化取向。

为了减少建筑形象的模糊性、不确定性，人们早就采取了多种措施。

常见的是在人看得见的部位，加用雕刻雕饰，石质和木构建筑都用。还有加用文字的，如中国人在匾额和门旁的楹联上写几个字、几句话，点出该建筑的高雅意蕴。

其实，还有一种常见的、有效的做法，就是新建筑套用历史上的某种建筑样式，即俗称之"建筑风格"（the architectural style）。中国有不同朝代的官式和不同地域的民间建筑样式。西方有希腊式、罗马式、哥特式、文艺复兴式、新古典主义式……等等。新的建筑套上人们认识的有名的历史样式，会令人觉得有来头，有传统，有文化，有身份，不可等闲视之，从而减少新建筑的不确定性。

人们发现，不一定需要采用全套旧样式，从中选出有特征意义、有标志性的部分形象加以利用，也颇有效，而且更便于用在体量不同的新建筑物上。

18世纪美国一度盛行"希腊复兴式"建筑，美国人大用希腊式柱廊，不管什么建筑，都在入口处附建一个或大或小的希腊式柱廊。这与20世纪前中期的中国，许多新建筑常常加造中国明清时代的官殿式大屋顶相似。中国现代建筑上建明清大屋顶，如同佩戴符号或徽章，并非为了物质的好处，只代表文化现象。建筑领域的许多文化追求，多数落脚在建筑形式方面。

建筑形象表意的模糊性、含蓄性和不确定性，看来是缺点，而在许多情况下却是长处。这些特性使建筑样式有很强的适应性、适用性，容易被不同文化的人群接受，甚至喜爱，融入别的建筑文化体系中去。洋房和西式别墅在中国近代就颇受青睐。

4.3 建筑设计的高度相对性

自然科学和应用科学一般有公理、定理、定律、公式，大家都得遵守，不能打马虎眼。建筑学却是另一种情形，其中很少有说一不二必须严格遵守的公式、定律。它给出的常常是一个区间或范围，有相当的弹性，你可以在其中作出选择。这就表明建筑设计有较多的相对性。

日本东京大学教授铃木博之在为《"建筑学"的教科书》写的序文中，一开头就声明，"这本书虽然名为教科书，但不是解答专业考题的教科书。相反，这是一本想让读者了解到'建筑学没有唯一正确答案'的著作。"他还说，"正因为没有唯一正确的答案，所以建筑才有意思，正因为如此，建筑设计才有无限的可能性。"[8]

事实正是这样，建筑中许多事情、很多做法既不证明其完全正确，也没法说其错。比如窗子的形式、大小、尺寸，窗框的形式、宽窄、厚薄等，可以这样，也可那样，如非故意恶搞，不同的方案和做法大多可行，其间只有好与差、较好与较差的区别，不存在正确与错误的对立。这种情况在其他理工学科中很少见到。在别的学科中，三是三，四是四，连小数点后几位数都不准改动。而在建筑设计中，常常是三可以，四也可以，不三不四，又三又四也可以。有时，又三又四的做法还受到赞许，被认为是兼收并蓄、中西结合、古今并存。

为什么这样呢？

原因在于建筑本身的性质。建筑学用到科学，但不是纯科学；它包含技术，又不是纯技术。建筑本身有显著的人文特性。事情就此复杂了。

近代和现代，中国许多文化名人提出的发展中国文化的方针就主张多方包融。梁启超在概括他那一辈文化人的学术方向时说："康有为、梁启超、谭嗣同辈，即生于此种'学问饥荒'之环境中，冥思苦想，欲以构成一种'不中不西既中既西'之新学派。"[9]哲学家张岱年也提出"综合创新"的文化发展方针。

我们冷静客观地看，就得承认，中国的现代建筑，不说全部，至少大部已经是"综合创新"的成果，即是一种"不中不西、既中既西"的房屋建筑。说中国现今的新建筑"全盘西化"不符合实际，若说"半盘西化"，则不太离谱。

当然，建筑设计也有它绝对性的地方，仍然是相对性与绝对性的统一，只不过相对性的比重比较大。

经典逻辑要求人的思维要遵守同一律，A＝A，B＝B。然而，经典逻辑之外又有模糊逻辑、多值逻辑、时态逻辑。模糊逻辑认为，人的概念分确定的和非确定的两类，存在非确定性命题。人的思维活动常常需要运用非确定概念进行推理。多值逻辑认为对于未来事件有3种答案，例如，亚里士多德说"明日有海战"，这个命题既不真，也不假，在真、假之外还有第3值：未定。第三值又可能扩展到n值。

在建筑设计中，常包含非确定性命题，因而会得到n个处理方案。1958年北京人民大会堂开始设计，收到84个平面方案和189个立面方案，是一个例子。

"没有唯一正确的答案"的状况非建筑学所独有，但在建筑设计中显得异常突出。

4.4　建筑设计的高度主体性

建造房屋必须接受自然界和人世的种种挑战和限制。但这并不意味人处于完全被动的地位。由于建筑高度的相对性，很多方面不是只有一个正确的答案，在客观条件的限度内，设计者能提出多种方案，使用者可从中选定最满意的一个。

设计人民大会堂时，对于正立面柱子的尺寸，结构工程师根据荷载状况、材料性能，精确计算出结构力学上合理的尺寸，但实际造出来的柱子粗了许多。为什么加粗？是视觉上的需要。视觉上为什么要加粗？说来话长。原因之一是古代埃及神庙的柱子很粗，古希腊神庙的柱子也粗。几百年来，欧美国家的重要建筑物的柱子都挺粗壮。人民大会堂的柱子一时半刻也细不下来。不是结构工程师算错了，按结构力学算的柱子尺寸受力一点不差，但人们从感观上会觉得"不给力"。种种事例表明，建筑中许多事情，如做成什么样子、用什么面料、显什么颜色，可以找出种种科学、技术和经济的理由，但最后还是由人的喜好来决定。国家体育馆为什么做成"鸟巢"模样，央视新楼为什么搞成似倒非倒的形状，都不是出于功能上和技术上的理由，更不是为了省工省钱，而是出于建筑师和一部分人的主观喜好。

哲学家说，人的全部活动"既受客观世界规律的制约，又受客观世界提供的物质条件的制约，永远不能摆脱自然、社会和思维规律的制约"。但是，"在主体和客体的实践关系中，人按照自己的目的实现对客体的改造，把自己的目的、能力和力量对象化，确证自己是活动的主体，同时占有、吸收活动的成果，……提高认识和改造世界的能力，巩固自己的主体地位。"[10] 这是人的主观能动性，即主体性，亦即主观性。

建筑活动是主体和客体间一种实践关系，是主体改造客体及客体被改造的关系，人是活动的主体。"鸟巢"和央视新楼并没有违反基本的自然规律，所以不垮不倒。采取现在那种外形，其实是设计者在造型上搞的花样，是人——主体抉择的结果。主体、客体之间仍然是对立统一的关系。

　　20世纪50年代，北京友谊宾馆用琉璃瓦大屋顶，招致一通批判，说是"比慈禧太后还浪费"。没过几年，琉璃瓦屋顶在几座"国庆工程"建筑上堂而皇之地复出了。近年来，我们在经济保障房上注意降低造价，而在奥运场馆上，为了形象愿意多投银子。建筑活动中这类看似法无定法的情形也是建筑主体性的表现。

　　主体分三类，个人主体、集团主体和社会主体。前两类常常假社会主体之名出现。

　　我们看国画家和抽象派画家作画时那么自由、那么潇洒，有极大的主体性，建筑师不如他们。不过，比上不足比下有余。在工程类设计中，建筑设计的主体性名列前茅。

　　高度相对性和高度主体性合在一处，给建筑设计带来显著的不确定性。因而很难给建筑设计确定一个硬性的好与差的标准，这是建筑评论难以开展的原因之一，也是难于预测建筑设计竞赛花落谁家的原因之一。

　　但是建筑的这种两性会合有极大的好处。它们是建筑领域百家争鸣、百花齐放的基础。

第5章

建筑的外形式与内形式

建筑的外形式与内形式有重大差别。人们谈论建筑形式，大都指建筑的外部形式，即外形式；而建筑又有内部形式，即内形式。这并非由于人能从外面看建筑，又能进到建筑内部观看之故，也不是指室内装修说的。内外两种形式不是建筑独有的现象，一切物体都有外部形式与内部形式两者。

哲学家讲，内部形式是内容的内在组织结构，属于内容诸要素间的本质联系；外部形式是内容的外在的非本质的联系方式。内部形式和内容不可分割。外部形式同内容的联系不具有内部形式那样的内在性、直接性，它和内容不是直接统一的。又说，事物的外部形式具有不同的层次，其中，有些与事物的内容存在着一定联系，有些则同事物的内容并不直接相关。[1]

事物的内部形式和外部形式有着显著差异，建筑也是这样。这与我们讨论建筑形式问题有关。

拿宾馆建筑来说，外部形式可以这样又可以那样。有仿古的，上面是琉璃瓦大屋顶；有新潮的，大用金属和玻璃，轻巧灵动；有的尽显欧陆风情，堂皇稳重，派头十足；有的仿效地方民居，富于乡土风韵。宾馆的外部形式各式各样，而内部组成与格局所显现的内部形式，则大同而小异，都是按宾客住宿的功能产生的。

体育建筑的外形也是多种多样，各具特色，而内部却大同小异。北京国家体育场（"鸟巢"）的外部形式非常独特，世界上从来没有过那种外形的体育建筑，其内部与世上同级体育场馆内部布局却差不太多。

澳大利亚悉尼歌剧院内部厅堂的形式与表演功能直接相关，与世上其他歌剧院类似，而它的外部形式完全是另外一回事。建筑师伍重根本不理"形式跟从功能"那一套。人们形容悉尼歌剧院的外形像海上的风帆、海边的贝壳、盛开的花朵，等等，就是没人说它像一座歌剧院，因为它的外形式与歌剧院的功能实在没有直接联系，虽然如此，大家并不加以责难，反倒称赞悉尼歌剧院是一座成功的建筑作品。

20世纪前期，当现代主义建筑勃兴之时，倡导"由内而外"的创作方法，但细观现代主义建筑大师们的作品，它们的外形式其实都很自由，也非真正"跟从功能"的结果。

当初提出建筑"形式跟从功能"主张的是19世纪末美国芝加哥建筑师沙利文。但是当年沙利文与另一人合伙设计的芝加哥会堂大厦（1886—1890年）也并未遵循"形式跟从功能"的原则，那座大楼里包括大会堂、办公楼和宾馆等多种不同功能，它的外形式究竟应该跟从哪种功能？

真正与使用功能直接且紧密关联的是建筑内形式，外形式是可跟可不跟，有所跟有所不跟，大多数房屋建筑的外形，事实上感受并非完全与功能相关，有的全无关系。

其实，建筑外形式与材料和结构的关系比较直接，比较紧密。

建筑外形式让观者从外部认知一座建筑。建筑师运用建筑材料塑造的外形式，让人较快地体察到那座建筑物可能令人产生的种种心理效应，包括体量感、质感、重量感、力感、空间感、动感、稳定感、节奏感、和谐感和惊异感，等等。如果观者有一定建筑文化素养，他还可以从中获知许多社会人文的、科学技术的和历史地理等方面的知识与信息。待观者进到建筑内部后，他会对外形式与内形式加以综合研究，从而由表及里获得比较深入完全的知识与信息。

建筑外形式与内形式在性质和作用上的差异实在非常非常重要。设想，如果所有房屋建筑物真正完全地做到"形式跟从功能"，世界上的建筑形象可就单调和乏味多了，人们旅游的兴趣会大减，旅游业将受到极大的损害。

第6章

建筑是艺术吗?

6.1 建筑是不是艺术?

什么是美,什么是艺术,都是非常难以说清的问题。事实上,几千年来,有无数学人认真研究,还如盲人摸象,众说纷纭,至今没有公认的满意的答案。至于建筑艺术,在建筑界内外,都是常见的频繁使用的词语,但是对于"建筑是不是艺术"这一问题,说什么的都有,也无一致的答案。我们这里只是对相关的知识和看法作一些粗浅的介绍而已。

北京的故宫、天坛、颐和园,希腊的帕提农神庙,威尼斯的圣马可广场,法国的凡尔赛宫,美国匹兹堡市的流水别墅,澳大利亚的悉尼歌剧院等等,都给人以强烈的感染力,让人爱看,令人愉悦,很多人认为这些建筑物是艺术品。

常见的一句话是"建筑是凝固的音乐",把建筑物看作"凝固的音乐",显然把建筑看成是一种艺术。

20世纪德国哲学家伽达默尔(H.G. Gadamer,1900年—)也讨论过建筑。他写道:"建筑物……适应于自然的和建筑上的条件……(又)通过它的建成给市容或自然景致增添了新的光彩。建筑物正是通过它的这种双重顺应表现了一种真正的存在扩充,这就是说,它是一件艺术作品。"在同一页上,伽达默尔还写着:"这些艺术形式中的最伟大和最出色的就是建筑艺术。"[1]

存在相反的意见。

俄国作家车尔尼雪夫斯基(1828—1889年)认为艺术不包括建筑。他写道:"单是产生优雅、精致、美好的意义上的美的东西,这样的意图还不能构成艺术;……艺术是需要更多的东西的;我们无论怎样不能认为建筑物是艺术品。"[2]

我国也有人反对把建筑当作艺术,斥之为"欧洲谬说"。

"艺术"和"文化"这类概念,内涵极为宽泛,没有公认的定义。而房屋建筑本身又是一个复杂的、多面、多元、多态的对象，建筑是不是艺术，看你从哪个视角去考察，看你抱着什么样的艺术观。

6.2 黑格尔：建筑是"不纯的艺术"

德国哲学家黑格尔（1770—1831年）在其著作中对建筑和建筑艺术有很多论述，对艺术也作了专门的讨论。他把建筑排在五种艺术之首，其后为雕刻、绘画、音乐和诗歌，但是认为：

> 建筑是一门最不完善的艺术，因为我们发现它只掌握住有重量的物质，作为它的感性因素，而且要按照重力规律去处理它，所以不能把精神性的东西表现于适合它的可以目睹的形象，只能局限于从精神出发，替有生命的实际存在准备一种艺术性的外在的围绕物。[3]

黑格尔说建筑表现内容很差。[4]

> 前此所讨论过的那些艺术都极其认真地对待它们所运用的感性因素（媒介），因为它们给内容所造的形象只能是用青铜、大理石、木材之类有体积和重量的物质以及颜色和声音所能表现的。……这就是说，在造型艺术和音乐里，感性媒介起着重要的作用，而这种材料（媒介）又各有特殊定性，能完全靠石头、青铜，或声音去获得具体的实际存在（获得表现）的东西就要局限于比较小的范围里了。
>
> 大体说来，在内容的表现方式上最贫乏的是建筑，雕刻已较丰富，而绘画和音乐的范围则可能推广到很大。[5]
>
> 我们从艺术体系中挑出建筑来和诗对比。建筑艺术还不能使精神内容统治客观材料，还不能用客观材料造成适合于精神的形象。诗却不然，它在否定感性因素方面走得很远……而不是像建筑那样用建筑材料造成一种象征性的符号。……在建筑和诗这两极端之间，雕刻以及绘画和音乐站在一种不偏不倚的中间地位，因为这几门艺术还能把精神内容充分体现于一种自然因素（感性材料）里，而且既可以用感官去接受，也可以用精神去领会。……另一方面这两门艺术由于运用

颜色和声音，比起建筑所用的材料来，能更丰富地显示出特殊细节的全貌和多种多样的形状构造。[6]

那么怎么会有建筑艺术或具有艺术性的建筑呢？

把一种意义和形式纳入本来没有内在精神的东西里。这种意义和形式对这种东西是外在的，因为它们并不是客观事物本身所固有的形式和意义。接受这个任务的艺术，我们已经说过，就是建筑……[7]

建筑的处理……还不能使客观事物成为精神的绝对完美的表现，即恰足以表现精神不多也不少。……建筑艺术由于受重力规律的约束，还只能使无机的东西勉强接近于精神的表现。[8]

黑格尔将建筑与音乐作比较：

建筑就静止的并列关系和占空间的外在形状来掌握或运用有重量有体积的感性材料，而音乐则运用脱离空间物质的声响及其音质差异和只占时间的流转运动作为材料。所以这两种艺术作品属于两种完全不同的精神领域，建筑用持久的象征形式来建立它的巨大结构，以供外在器官的观照，而迅速消逝的声音世界却通过耳朵直接渗透到心灵的深处，引起灵魂的同情共鸣。[9]

6.3 艺术概念的历史变化

英国学者科林伍德（R.G.Collingwood，1889—1943年）在所著《艺术原理》中也说：

"艺术"的美学含义，即我们这里所关心的含义，它的起源是很晚的。中古拉丁语中的"ars"，类似希腊语中的"技艺"，意指完全不同的某些其他东西，它指的是诸如木工、铁工、外科手术之类的技艺或专门形式的技能。在希腊人和罗马人那里，没有和技艺不同而我们称之为艺术的那种概念。我们今天称为艺术的东西，他们认为不过是一组技艺而已，例如作诗的技艺。依照他们有时还带有疑虑的看法，艺术基本上就像木工和其他技艺一样；如果说艺术和任何一种技艺有什么区别，那就仅仅像任何一种技艺不同于另一种技艺一样。当我们赞赏古希腊人的艺术作品时，我们会很自然地设想，他们是以和我们同样的心情加以赞赏的。可是，我们赞赏它是一种艺术，这里的"艺术"一词就带有现代欧洲人审美意识的全部微妙而精细的含义。我们可以充分断定，希腊人并不采用任何类似的方式加以赞赏，他们从另一种观点来对待艺术。[10]

在古希腊，做鞋、木匠活、针织、驯马、家畜饲养……都属于技艺，从事这些技艺的人是工匠，那时，技术和艺术融合为一，没有分家。

古希腊语言中没有我们现今所说的"艺术"一词，当时的希腊人把艺术与功能、技术及工艺合为一体。建筑就是功能、技术、艺术合为一体之物。那时没有建筑艺术"纯与不纯"的问题。

就各艺术门类的起源来看，后世所谓的纯艺术本来都具有某种物质的或精神的功能性或功利性，本来是"不纯的"。远古人类在黑暗的山洞深处画野牛，在石崖上涂刻鹿群，不可能单单为了欣赏美术，陶冶性情，而是认为刻画野兽能多获猎物，是巫术思维的产物。

6.4 康德：审美无利害关系论

"纯艺术"概念的历史不长，科林伍德指出"一直到17世纪，美学问题和美学概念才开始从关于技巧的概念或关于技艺的哲学中分离出来。到了18世纪后期，这种分离越来越明显，以至确定了优美艺术和实用艺术之间的区别……"[11]

18世纪德国大哲学家康德（1724—1804年）在《判断力批判》中阐释他的美学理论。他将审美快感与生理快感和道德快感加以区分，把愉快的、善的和美的三种情感严格分开。康德认为"……在这三种快感之中，审美的快感是唯一的独特的一种不计较利害的自由的快感，因为它不是由一种利益（感性的或理性的）迫使我们赞赏的。"康德说："每个人必须承认，一个关于美的判断，只要夹杂着极少的利害感在里面，就会有偏爱而不是纯粹的欣赏判断了。人必须完全不对这事物的存在存有偏爱，而是在这方面纯然淡漠，以便于在欣赏中能够做个评判者。"[12]

康德强调审美的无利害关系性，发展了非功利性美学，影响很大。

为了强调艺术与技艺的区别，英国人先是在"art"前加形容词"fine"，以"fine art"（美的艺术）指称他们心目中的纯粹艺术。到19世纪，"art"一词中原有的"技艺"含义已被忘却，形容词"fine"不必要了，直接以"art"指称美的艺术。

于是，非功利性或无利害关系性成为近代经典美学的核心观念之一。这种美学认为艺术和审美纯粹是精神领域的东西，教导人人在世俗生活中抱有一种超脱和批判的心态，通过艺术欣赏去获得精神上的提升。

轻视和鄙视实用艺术的倾向蔓延开来，艺术家也不说自己是工匠的一员了。这种思潮和理论脱离普通人的生活实际，与大众的审美活动脱节。艺术走上一条狭窄道路，进了象牙塔。艺术成了少数精英分子谨守的精神家园和身份表征，它承担的社会功能越来越少。

6.5　对非功利美学的驳斥

古希腊的苏格拉底说："任何一件东西如果它能很好地实现它在功能方面的目的，它就同时是善的又是美的，否则它就同时是恶又是丑的。"[13] 认为审美离不开功利的思想古已有之。

西班牙哲学家乔治·桑塔耶纳（George Santayana，1863—1952年）强烈批评无利害关系美学。19世纪末期，他在哈佛大学讲授美学时，指出人体的一切机能，都对美感有贡献，反对经典美学认为只有高级器官（眼、耳）才有审美作用，拒斥低级器官（嗅、味、触）的作用。桑塔耶纳写道：

> 美的艺术，虽然看来是美感最纯粹的所在，但绝不是人类表现其对美的感受的唯一领域。在人类的一切工业品中，我们都觉得眼睛对事物单纯外表的吸引特别敏感；在最庸俗的商品中也为它牺牲不少时间和工夫；人们选择自己的住所、衣服、朋友，也莫不根据它们对他美感的效应。[14]

在实际生活中，人们使用大量的工艺品，这些工艺品既有使用价值又有审美价值。他们的审美对象大都与实用性相关，人们惯用"美好"一词表达喜爱、赞赏之意。"美"与"好"紧密相关。

桑塔耶纳说，鉴赏一幅画虽然不同于想购买它的欲望，但鉴赏总是与购买有密切联系，而且就是购买欲的一种预备行为。他指出非功利美学"是哲学家按照他们的形而上学原理来阐明审美事实，把他们的审美学说作为其哲学体系的推论或注释。"他讥讽道："他们的理论玄之又玄，他们的名言看来是大智大慧。……然而，在你沉思之后也许会发现，大师的话对于美的本质和根源绝不是客观的说明，而不过是他极其复杂的情感的含糊表现而已。"[15]

非功利性美学排斥技术与功用性，在人们的心目中造成一种印象，似乎技术与功用只具有使用价值而没有审美价值。但是，实际上，人的审美快感不可能同生理快感、道德快感，以及技术精巧、使用方便引起的快感决然分离，人的知觉系统是一个整体，审美知觉不会与其他知觉绝缘。

6.6　建筑艺术的性质——工程型的工艺品

《辞海》对"工艺美术"的解释是：

> 以美术技巧制成的各种与实用相结合并有欣赏价值的工艺品。通常具有双重性质，既是物质产品，又具有不同程度的精神方面的审美性。作为物质产品，反映着一定时代、社会的物质生产和文化发展水平；作为精神产品，它的视觉形象（造型、色彩、装饰）又体现了一定时代的审美观。

这些释义基本符合建筑和建筑艺术。

就实质而言，房屋建筑是为了容纳人和人的活动而建造的巨型中空器物。它们必定以大量非艺术的成分为基础，但有一些建筑同时又包含艺术成分和精神价值，有的多，有的少，以至全无。房屋建筑从来不是纯粹艺术品。在古希腊人那儿"技"、"艺"不分。中国古人庄子说："能有所艺者，技也"[16]，也认为"技"与"艺"紧密连在一起，建筑之"艺"也是以建造之"技"为基础产生出来的。常言"熟能生巧"，匠师们的技艺稔熟到一定程度，就能造出精巧超常的器物，加之千百年磨一剑，不断推敲改进，历史上许多优美的建筑形象即是如此产生的。

从古到今，在任何时代造屋都是一项工程活动。建筑艺术存在于房屋之中，建筑的艺术性以实用工程物为载体，或者说附丽于工程物之上和之中，所以，从艺术性的角度考察，建筑艺术属于实用工艺美术的范畴。联系到房屋建筑的规模和造物过程，准确地说，建筑艺术的性质是一种工程型的实用工艺美术。

从考古发现看来，人类创造实用工艺美术事实上远远早于"纯艺术"。

* * *

以上的讨论涉及艺术的定义问题。艺术的定义成百上千，哪个对？哲学家、美学家争论不休，迄无定论，不但无共识，而且有人认为根本不可能给艺术下定义。当代美国美学家理查德·舒斯特曼（Richard Shusterman）是其中一员。他写道："艺术是一个在本质上开放和易变的概念，一个以它的原则、新奇和革新而自豪的领域。因此，即使我们能够发现一套涵盖所有艺术作品的定义条件，也不能保证未来艺术将服从这种限制；事实上完全有理由认为，艺术将尽自己的最大努力去亵渎它们。总之，'艺术的特别扩张和冒险的特征'，使对它的定义是'在逻辑上不可能的'。"[17] 建筑艺术也不例外。

第7章

"美不自美，因人而彰"

7.1　柏拉图："美是什么"，"美是难的"

两千多年前，希腊哲学家柏拉图（公元前427—前347年）提出"美是什么"的问题。两千年来，无数哲学家、美学家围绕"美的本质"、"美自身"等基本问题进行探索、研究。一代又一代，锲而不舍。然而，两千年下来始终无解。

人们开始质疑"美是什么"这个问题本身，因为这个提问本身——内在地含有美是一种实体存在的结论。盐是咸味的泉源，盐可以分离出来，看得见，摸得着。可是，谁见过"美"？人们找不到客观存在的"美本质"、"美自身"，也看不到能找到的希望。有人认为"美是什么"这一提问起了误导作用。

其实，当年柏拉图本人也感到"美是什么"的问题难以回答，曾说"美是难的"（亦有译作"对美的阐释是困难的"）。

审美的范围不断扩大，"美"这个词的使用已到了泛滥的程度，想要从"泛滥"的"美"中概括出公认的定义，指出共同本质，难哉！

近百年来，美学学科屡遭冲击，面临困局。美学界学说蜂起，理论杂乱，各家自说自话，互不交集。至今人们对美还没有公认的解释。这在世界各种学科中是罕见的学术现象。美学本身的合法性也受到质疑。

20世纪，我国曾出现过数次美学大讨论。讨论中意识形态色彩浓厚，主观论美学受批判，主客观统一的美学观点也受批评。

7.2　柳宗元："夫美不自美，因人而彰"

20世纪80年代以来，国外新的美学思潮被介绍进来。中国美学界出现新气象。

许多美学家认为审美对象并非客观存在的事物，而是存在于艺术家和观赏者脑中的想象性事物。

美学家英加登写道："审美对象不同于任何实在对象。"审美对象是包含许多层面的复合性的"纯粹意向性对象"。[1]

萨特说："审美对象是一种非现实的东西。……我们不能通过知觉体验'美的东西'，它的本性决定它在这个世界之外。""艺术品是一种非现实。""美是只适用于想象的事物的一种价值，……"[2]

西方美学家研究成果被大量介绍，拓宽了人们的思路：中国美学界从一元格局向多元格局转型，由意识形态话语向个体性话语转化。

美学领域的进展对我们探讨建筑审美问题大有启发。

中国现在的建筑学源于西方，欧美的建筑美学长期受着古典主义美学的影响。如柏拉图的观点："……美是永恒的，无始无终，不生不灭，不增不减的。"[3]又如毕达哥拉斯学派的观点："美是和谐"，和谐以数的比例为基础，以及"身体美存在于各部分之间的比例对称"，"一切立体图形中最美的是球形，一切平面图形中最美的是圆形"[4]，等等，都在传统建筑学中留下深深的印迹。如果说，那些美学观念曾经适应历史上发展缓慢、变化不多时代的建筑状况，那么，近代以来，已不符合也无法解释近现代许多的建筑现象。

1200年前，唐代思想家柳宗元（773—819年）提出一种看法，他在一幅画作的题记中写道："夫美不自美，因人而彰。兰亭也，不遭右军，则清湍修竹，芜没于空山矣。"[5]

绍兴兰亭那块地方，古往今来，无数人去过，生活过，但如果王羲之和他的朋友没有在晋永和九年（公元353年）那个天朗气清、惠风和畅的日子，去那里聚会修禊，又不曾留下《兰亭集序》，兰亭优美的景色或许真有可能"芜没于空山矣"。至少不如今日这样有名。

柳宗元这段话不长，但十分重要。他指出美离不开人的审美体验，美不是天生自在的，世上没有外在于人的"美"。

20世纪法国哲学家萨特有一段话，他说：

> 由于人的存在，才"有"（万物的）存在，或者说人是万物借以显示自己的手段；由于我们存在于世界之上，于是便产生了繁复的关

系。……这个风景，如果我们弃之不顾，它就失去见证者，停滞在永恒的默默无闻状态之中。[6]

柳宗元与萨特，一个在东方，一个在西欧，时间相差1200年，而关于美的观点如此相似，并且都以风景与人的关系作为论据，讲得清明透彻，令人惊异和赞叹。

人的美感不是纯主观的，也不是纯客观的，是主观与客观结合的产物。我国一位学者在所著《审美学》中写道：

审美活动是一种对象化活动，美并不能独立存在于客观的物中，也不是预先存在于主体的心中，而只能形成于联结主体与客体的审美经验中。通常人们只知道没有客体就没有美，殊不知仅有客体没有进行审美观照同样没有美。[7]

另一位学者写道：

本体论意义上的美根本就不存在，美不是一物，不是某些性质，也不是多种性质的组合。美这个词是人对自己超感性、超功利、精神性的愉快的命名。美不存在，真正存在的是人的鉴赏活动，而鉴赏活动来源于人类高级的本质力量。……有高级能力的人就有了超越物质之上的精神享受——于是就有了鉴赏的冲动和需要——结果产生了鉴赏愉快。人通过下意识的精神活动使这种愉快对象化，并名之为美。[8]

美感的形成既与审美对象的状况有关，又与主体的审美活动有关，少了一方当然不行，若一方水平不够格，也就无美感可言。我打个比方：美感与痛感似有相同之处：痛感源于刀子伤及人的皮肉，没有刀子产生不了痛感，而人的皮肉麻木也不觉痛。刀子尖利，皮肉敏感，两者相触，人才产生痛感。

7.3 意象论美学

近些年我国有些美学家立足于中国传统文化，吸收中西美学的有益成果，以"意象"为核心，提出意象论美学理论。

叶朗著《美在意象》[9]，作了系统的阐释，可供学习借鉴。较早出版的《艺术意象论》[10]，对艺术意象也有论述。

叶朗指出，美离不开人的审美体验，美不是天生自在的，不存在外在于人的、实体化的"美"。另一方面，也不存在一种实体化的、纯粹主观的美。

"美"在哪里？叶朗认为"美"在意象。

意象是审美活动中情景相生的产物。中国传统美学给予"意象"的最一般的规定是"情景交融"。"情"与"景"的统一是审美意象的基本结构。人通过对客观事物的感受、认识和体验，以主观的审美情趣对客观的审美对象加以改造，使内在的"意"和外来的"象"融合成有机的统一体，在头脑中形成意象。审美活动在物理世界之外构建一个情景交融的意象世界。这个意象世界是审美的对象。

审美活动的对象是意象。"象"不等于"物"。一座山，作为"物"（物质实在），相对说来是不变的，但是在不同时间和不同的人面前，山的"象"却有变化。"象"是"物"向人的知觉的显现，是非实在的形式。"情人眼里出西施"，指的就是情人眼中那女子的"象"。

同一外物在不同人面前显示为不同的景象。山、水、花、鸟这些人们在审美活动中常常遇到的审美对象，表面看对任何人都是一样的，是一成不变的，其实并非一样。

梁启超说："'月上柳梢头，人约黄昏后'，与'杜宇声声不忍闻，欲黄昏，雨打梨花深闭门'，同一黄昏也，而一为欢憨，一为愁惨，其境绝异。……'舳舻千里，旌旗蔽空，酾酒临江，横槊赋诗'，与'浔阳江头夜送客，枫叶荻花秋瑟瑟，主人下马客在船，举酒欲饮无管弦'，同一江也，同一舟也，同一酒也，而一为雄壮，一为冷落，其境绝异。"[11]

什么是艺术品？

艺术家把他创造的意象，用物质材料加以传达，就产生了艺术品。艺术品是意象的物化。

对艺术品的观赏是观赏者的审美活动。观赏者对艺术品进行感知、理解、欣赏的过程中，以主观的审美情趣对审美对象加以再创造的接受、联想和想象，在各自的头脑中形成相关的某种意象，又是一次创造性活动。物化于艺术品中的意象在观赏者心中得到复活。观赏者心中复活的意象因人而有差别，与创作者心中的意象也有差异。

意象论美学对于研究建筑创作和建筑欣赏问题大有裨益。

7.4 建筑师的立意与构图

建筑师不用"意象"这个词，在设计和创作中一向讲"立意"与"构图"，建筑师立意与构图的成果正是建筑意象，常常先表现在草图中。

不同艺术门类的意象各有特点。书法家写字、画家作画、雕塑家塑像，自由度比较大，意象化程度高。房屋建筑是另一种情况，与它们大不一样。

房屋建筑分两大类：第一类，基本上只求实用与经济，数量上占绝大多数，满世界都有。它们采用一般形制，按通常做法建造。有时，房主找相近的案例，照猫画虎，就盖起来了。这样的房屋在村镇和小、中城市大量存在，造型平庸，谈不上有什么感人之处，人们对它也没有什么期盼。对于这类房屋建筑，只要外貌齐整，不令人讨厌就行，谈不上什么意象。

另一类是在要求适用的同时，又要求建筑的形象表情达意。表达的内容多种多样，常见的是：一，显示权威；二，显示财力；三，显现文化情趣。权威、财富和文化情趣的划分是相对的，实际上往往兼而有之，混搭在一起，一切以丰厚的财力、物力为基础。

有地标意义的特殊项目在筹建之初，常把建筑形象要显示的"意"放在首要位置。1933年上海筹建市政府新楼，事先宣示："*市政府为全市政府机关，中外观瞻所系，其建筑格式应代表中国文化，苟采用他国建筑，何以崇国家之体制，而兴侨旅之观感。*"上纲很高。

这些特殊建筑的形式、品相，确实是万众瞩目的焦点。北京的人民大会堂、国家大剧院、国家体育中心、央视新楼都是这样。在这类项目上，相关方面会达成共识，如建筑艺术需要，其他事项可以退让、迁就，愿意为此多用些钢，多费些事，多投些银子。这类建筑给建筑师的创作以较大的空间，他们能认真思考这些建筑应有怎样的建筑意象。

显示"权威"的建筑，大都严肃规整，借鉴传统；表现"财力"的建筑，意在炫耀，突出物质性和商业性；文化类建筑讲求情趣，看重格调品位，处理较为自由，此类建筑的意象化程度较高。

在很长的历史时期中，建筑造型受技术的限制，又有等级制度、建筑法式和各种规范的约束，建筑设计的自由度和个性成分相对较少，总的说来，建筑的活性较低。到近现代，社会生活整体有了变化，建筑领域才渐渐出现争鸣、齐放的场面。其中原因很多，有一条是建筑师接受了高等教育，文化素质提高，社会地位提升；另一条是现代社会中的专业知识分子及自由职业者，有进行创造性工作的自觉。

意象论美学认为审美活动的对象是意象。意象是艺术的本体，按照这种观点，建筑艺术的本体也是意象。未来建筑将有怎样的形象，与设计早期阶段，建筑师脑海中再三考虑、反复琢磨创造出的建筑意象有决定性的关系。建筑师拟定的建筑意象，在设计和建造的过程中，一步步完善，物化于建筑中。

建筑师"立意"与"构图"，即创造未来建筑的"意象"，是建筑师的重要任务。但建筑不是纯艺术，建筑师在设计过程中要综合解决多种不同性质的问题。"立意"、"构图"、"意象"重要但非唯一要素。人们重视的程度视项目的性质而大有区别。

在方案竞赛阶段，建筑师提出的未来建筑的意象，能否获得评选团组中多数人的青睐是胜败的关键，也是建成后受人赞赏与否的根本原因。

建筑意象是情、景、形的融合。意象论美学认为审美意象是审美活动中"情景相生"的产物，"情景交融"是审美意象的基本结构。文学作品里的人、物与事，形象是虚的。建筑是实在的物体，有具体的形，建筑意象不能无形，不论在头脑中还是在纸上，建筑意象都必离不了形。建筑师创造建筑意象要运用抽象思维，同时也用形象思维。建筑的"象"就包括"形"，离开形，就没有建筑意象。所以，建筑师创作时，既讲"立意"，又讲"构图"。其他造型艺术都是如此。无怪乎汉语词汇中有"情景"，又有"情形"。

建筑艺术"不自由"，无"再现性"，既"具体"又"抽象"，"形式大于内容"，故建筑艺术和建筑意象带有朦胧性、模糊性、不确定性。

尽管如此，建筑师"立意"和"构图"创造出的"建筑意象"，在建筑设计创作中起关键作用。

7.5 悉尼歌剧院传奇

1956年澳大利亚为建造歌剧院举行国际建筑设计竞赛，收到从世界上32个国家送交的233个建筑方案。

四人组成的评选团面对一大堆方案，挑来拣去，找不出一个满意的方案，竞赛几要落空。无奈之中，美国建筑师沙里宁把看过的方案重翻一遍，忽然取出一件，像发现宝物似地叫起来："先生们，这个好，这个好，可以上第一名！"大伙重新审查，最后，这个方案被选中了。

中选方案的设计者是丹麦建筑师伍重（Jorn Utzon，1918年— ）。他提出方案时年38岁。做悉尼歌剧院方案时，本人也未到澳洲，只看了些港口的照片。他送去的图纸仅只显示大略的建筑意象。

中选评议书写道："这个设计方案的图纸过于简单，仅是图解而已。虽然如此，经我们反复研究，我们认为按它表达的歌剧院构想，有可能造出一座世界级的伟大建筑。"

方案中选的消息传到伍重的耳朵，他自己也吃惊不小。6个月后，伍重才第一次去了悉尼。

悉尼歌剧院

悉尼歌剧院鸟瞰

悉尼歌剧院餐厅一角

　　有论者指出，伍重构思悉尼歌剧院的体形时受到墨西哥的玛雅高台建筑的启示，这是可能的。伍重自称他惊异于北京故宫太和殿的宏伟。太和殿下部有三重白色石台基，上有重檐曲面琉璃瓦大屋顶，还有向上翘起的翼角。中国古典建筑这种稳重又飞扬的形象，在伍重构思悉尼歌剧院的大平台和向上翘的曲面屋顶时作为借鉴，是有可能的。

伍重的设计方案实现起来难度非常大，远远超过一般建筑工程。许多实际问题和工程技术问题都没有解决。例如，伍重以为歌剧院的大屋顶可以按壳体结构做，可是，以结构技术著名的英国奥雅纳（Arup）公司接下任务，从1957年开始研究歌剧院的屋顶做法。工程师们在歌剧院屋顶结构设计上，前后干了8年，最终不是按壳体结构施工的。

技术难题之外，加上政治干扰（南威尔士州大选、承包商闹别扭、建筑界争吵、学生上街游行、造价飙升、部长辞职、政党更迭、政府换班，闹得不可开交）而困难重重。

1966年伍重辞职走人，任务由澳大利亚建筑师接手。歌剧院工程缓慢地、艰难地、曲折地进行着。到1973年10月20日，悉尼歌剧院才终于完工。

20世纪前期，现代主义建筑提出"形式跟从功能"和"由内而外"的原则，这两个原则过于简单，有片面性。伍重的悉尼歌剧院方案突破这两个口号的束缚，在20世纪50年代令人耳目一新。它的造型同世界其他的剧院，乃至一切建筑物都不相同也不相似。从所未见的独特、优美、原创性的建筑形象使它进入20世纪现代建筑艺术杰作的行列。

悉尼歌剧院的建造从1957年算起，到1973年落成，历时17年。造价从预计的700万美元升至1.2亿美元。当年名不见经传的丹麦建筑师伍重提交的"仅是图解而已"（评议书语）方案，居然磕磕碰碰，克服重重困难，最终建成了。1973年10月20日，悉尼歌剧院举行落成仪式，英国女王出席典礼。

悉尼歌剧院的成功仰仗的是什么，饮水思源，应该回溯到伍重当初的立意与构图，也就是他脑海中出现的那个建筑意象。

悉尼歌剧院落成以后，人们看到港内岸边耸立起一座鲜亮明丽、形象饱满的建筑，它朝向大海，上部是硕大张扬的白色壳片，争先恐后地伸向天空，那座歌剧院像浮在水面的奇花异葩，又像海上的白帆、天上的白云、洁净的贝壳，等等，全是美好的形象。在悉尼港的蓝天碧海之间，这朵"澳洲之花"是周围场景的焦点，令那片天地充满了诗情画意，引人遐思，令人难忘。这是悉尼歌剧院予人的建筑意象。

当初伍重送交的设计方案实极不完备，如评议书所说，仅是一个"图解"，其中隐含着许多不易解决的难题，而打动评委的则是当时年轻的建筑师伍重的建筑意象。虽然后来遇到重重困难，但人们锲而不舍，也不言弃，因为人们不愿舍弃那个建筑意象。歌剧院建成后好评如潮，也是由于那个独特又优美的建筑意象特能吸引人们的眼球。

今天悉尼歌剧院屹立在悉尼海港岸边，广泛受到美誉，伍重起初的"建筑意象"如一粒优选出来的种子，在多方曲折耐心的培育下，终于长成20世纪世界建筑花园中一朵奇葩。

第8章

建筑感兴与建筑审美

8.1 面对建筑：感兴油然而生

从古到今，面对建筑，尤其是有名的建筑，人们容易产生各种联想、评说、感慨，如王羲之所言："感慨系之矣，……犹不能不以之兴怀。"[1]

晚唐诗人杜牧（803—852年）的《阿房宫赋》借那座宫殿对秦始皇作了猛烈的讽刺批判，又对秦时的政治斗争作了独到的总结，认为"灭六国者，六国也，非秦也；族秦者，秦也，非天下也。……秦人不暇自哀，而后人哀之；后人哀之而不鉴之，亦使后人而复哀后人也。"杜牧由建筑所牵出的感兴偏重政治领域，思想深邃，气势磅礴，发人深省。其实，杜牧并未亲见阿房宫，他在借题发挥。

初唐才子王勃（649—676年）写的《滕王阁序》是又一篇就建筑抒发感慨的名文。文章先说南昌的地理优势，滕王阁环境风光之优美。他在楼上宴饮时，"虹销雨霁，彩彻云衢；落霞与孤鹜齐飞，秋水共长天一色。"然而，正在"遥吟俯畅，逸兴遄飞"之时，悲从中来，笔锋陡转，写出："天高地迥，觉宇宙之无穷；兴尽悲来，识盈虚之有数。……关山难越，谁悲失路之人？萍水相逢，尽是他乡之客。"

杜牧写《阿房宫赋》时23岁，王勃早殁，27岁去世，都是早熟的才情并茂之英才。

引发杜、王二人感慨的是高级建筑，唐刘禹锡（772—842年）则对自己的"陋室"表示满意和欢欣。他说房屋虽然简朴，而生活中"谈笑有鸿儒，往来无白丁。……无丝竹之乱耳，无案牍之劳形"，所以"斯是陋室，惟吾德馨"。

这篇《陋室铭》仅仅81个字，而闻名久远，作者高雅谦和的人生观及建筑观，受到赞誉。

今人和古人一样，面对一座建筑常表达自己的感慨，下面介绍著名散文作家梁实秋面对美国白宫建筑产生的一番感慨。

美国总统官邸原有其他名称。1902年老罗斯福总统决定改称"White House"（白屋）。梁实秋写道：

> 美国总统非终身制，非世袭制……"白屋"二字，民主意味特别浓厚，给人一种与众不同的清新之感。……白宫的主要部分只有168英尺长，85英尺半宽，60英尺高，拢共132个房间，比一般的豪门当然堂皇得多，可是比白金汉宫、卢浮宫就不可同日而语。尤其是外表白色沙岩，朴素到无以复加的地步。……白宫没有给我什么印象，但是想到美国的开国元勋功成身退的华盛顿，和人格高尚富正义感的林肯，都在这里住过，……就不禁感慨系之了。

以上几位古今名人的建筑感兴很有代表性，实则人们对建筑感兴的范围极广阔，因为建筑与人的关系实在太广泛了，几乎无所不涉及，人们面对一座建筑，会从种种不同的角度产生自己的感想感叹。

8.2 海德格尔论"器具"如何成为"作品"

德国哲学家海德格尔（1889—1976年）在《艺术作品的本源》中谈到"物-器具-作品"的关系问题。其中的"物"指天然物，如土、木、石；"作品"指艺术作品。海氏认为"器具"这一名称指为了使用和需要所特别制造出来的东西。"器具"是物，因为它被有用性所规定，但又不只是物，"器具"同时又是"艺术作品"，但又逊色于艺术作品，因为它没有艺术作品的自足性。海氏说"假如允许作一种计算性排列的话，我们可以说，器具在物与作品之间有一种独特的中间地位。"[2] "物-器具-作品"是递进性关系。这个关系式不能简单地套到所有艺术门类上，如音乐与诗歌同器具就没有直接的关联。然而这个关系式对于那些从有用性器具衍变而来的艺术门类，从发生学研究的角度看，是十分重要的，它符合这些艺术门类的起源过程。

我们先以陶瓷作一个例子。

陶器出现之前，古人先用植物叶茎编造容器，后来外表糊上黏土，火烧后得到陶器。黏土或瓷土是天然存在物，人用它制作陶瓷器皿是一种赋形过程，赋形的目标是使陶瓷器具有中空的"腹"，在其中可以贮存固体或液体，这个器具还要有"口"，用以放入和取出贮存的东西。有口有腹是陶瓷器皿的基本形制。陶瓷器皿制成后，天然材料融入人工制作的器皿中，人使用的是器皿，如墨子所说，"乘车非乘木也"。

有用性是器具的基本特征。

初期的陶瓷器皿是生活用具。恩格斯写道："只要生产不局限于被压迫者最必需的生活用品，统治阶级的利益就成为生产的推动因素。"[3] 统治阶级的需求促进陶瓷精品的生产，渐渐出现半实用的和完全不实用的精美陶瓷器皿，它们是奢侈品、欣赏品、礼品、礼器……这些陶瓷器皿从"器具"升格为陶瓷"作品"，带上后世所谓的"艺术性"。

应注意的是，尽管陶瓷艺术品不再以贮物为目的，而且形体多种多样（如我国很早就有甗、豆、罍、鼎、罘、壶、尊、簋、盂、盉、鬶等不同名目的器皿），但作为艺术品的陶瓷器皿仍保持其有口有腹的陶器基本形制，万变不离其宗，不同款式只是基本形制的变体。海德格尔根据希腊文的原意把这种基本形制称作"基体"。

在一件陶瓷作品中，我们看见陶瓷器皿的原料，看见陶瓷器具，又看见陶瓷艺术作品，"物-器具-作品"三者同时显现，三相合一，这是陶瓷艺术的一个明显特点。因而，在陶瓷艺术中，"物-器具-作品"的关系是历时性的，又是共时性的。

我们看中国特有的紫砂壶，它们受到许多人的厚爱，名师制的壶非常值钱。它们已经不是日用之物，但仍做成壶的形状，人们既重视它的泥料，又重视其作为壶的器具功能，又重视它的审美特征，三相合一，都要上乘。

8.3 建筑与"物-器具-作品"的关系式

旧石器时代人类"穴居而野处"。旧石器时代很长，从二三百万年前开始，延续到距今一万年左右才结束，有人估算旧石器时代占到人类历史的99.8%。其后是新石器时代，农业和畜牧业成为主要的经济来源，渐渐定居下来。

人在地面上利用到手的材料，依照天然洞穴的启示，做出由实物材料

遮挡覆盖的、内里虚空可以容
人的大型器物，就是房屋的
雏形。

　　大多数房屋的有用性表现
在能让人在其中居住和进行日
常活动，即为了满足日常的、
简单的实用需求。与陶瓷的情
形相似，有一类房屋的建造目
的超出一般的实用要求，最初
是用于信仰即神权，其后是为
了王权。它们体形特殊，与众
不同，数量少而规模庞大，运
用当时最高的智慧和技艺，集
中可能得到的最大量的物力和
人力才得以建成。

　　这类特殊房屋不仅满足一
般的使用需求，其有用性更多
地表现在对人的思想、观念、
情感、情绪等精神方面的影响

美国国会大厦（1851—1865年）

力。在实现这种精神性目标的过程中，在大批仅仅作为器具的房屋中，出
现了带有思想工作任务和精神影响力的建筑，越做越精，越做越妙，成了
今天我们称为有艺术性的建筑，由此它们升格为海德格尔关系式中的第三
项——"作品"，即艺术品。

　　陶瓷领域中有日用陶瓷和艺术陶瓷两大类；与此相似，建筑领域有普
通房屋和高端建筑两大类。我们观看北京故宫、颐和园，巴黎卢浮宫、凡
尔赛宫，美国国会大厦的时候，映入眼中的既是建筑材料（物），又是可用
的建筑物（器具），还是宏伟的建筑艺术成就（作品）。"物-器具-作品"
都同时呈现在我们面前。

　　与高级轿车、名贵手表、名贵服装等等一样，实用艺术品和工艺美术
品与"纯艺术"或"美的艺术"明显不同的地方都是如此。

8.4　英加登关于审美知觉的解说

面对建筑，譬如天安门城楼或人民大会堂，许多人都能很快讲出自己的感想、感慨。若要他们把这两座建筑当作审美对象，进行审美观照，并发表审美评论，就不容易了，这需要一定条件，有一个过程，不是人人都能做得到的。

一个实在对象如何成为人的审美对象是审美学的问题，有很多种说法。波兰学者英加登（R.Ingarden，1893—1970年）关于审美知觉的一种解说值得重视。他在《审美经验与审美对象》中写道：

> 我们从日常生活中采取的实际态度向审美态度的转变，是什么东西造成了这种转变呢？……这就是在对某个实在对象的感觉过程中我们会为一种或许多特殊性质所打动，或者最终为一种格式塔性质（如一种色彩或色彩的和谐、一支曲子、一种节奏、一种形状的性质等）所打动，从而把注意力完全倾注在这种特质上，这是一种基本特质，它对我们并不是平淡无奇的。正是这种基本特质在我们身上唤起一种特殊情绪……。正是这一种情绪引出了审美经验过程本身。
>
> 它最初是由对象某些特质引起的一种激动状态，不清楚这究竟是种什么特质，只是感到它的吸引力，不由自主地去注意它，在直接接触中、在直觉中去掌握它。这种激动通常还包含着一阵由以上性质引起的愉快的惊奇感。……这种激动随后变成一种对以上特质的'爱'，它不可抗拒地占据了我们的心身。
>
> 审美经验的过程，最后导致……审美对象的形成。……在强烈的审美经验后期，还可能产生一种对现实世界的假遗忘状态。
>
> 虽然审美活动不改变现实世界，虽然它们的目的也不在于改变客观世界，但是审美经验却是个人生活中的非常主动、非常集中、非常富于创造性的一个阶段。……审美经验包含一个短暂阶段，即我们一动不动进行观照的时刻。
>
> 我们无须进一步与存在于现实世界中的对象接触便能自由地构成一个审美对象；或者是审美特质以所谓艺术品——它们通常是以实物（如雕塑、图画、建筑等）——为背景出现。艺术家们赋予艺术品的形

式使它们在审美态度的观照下能为主体提供刺激，并形成相应的审美对象。[4]

建筑审美不如建筑感兴常见，但总有人常常对各种建筑作审美观照，进行审美活动。在建筑师、美学家、旅游爱好者等人士中尤其如此。一般人面对政府性建筑、已成历史文物的建筑、风景名胜区中的建筑、伟人和名人的故居等也容易进行审美观照，因为，这类建筑与大众已没有任何直接的功利关系。

英加登的论述不玄奥，容易理解。

8.5 建筑审美的主体与客体

在建筑审美活动中，作为审美客体的建筑物（或设计方案）的审美属性是确定的，主体则按照自己的思想、信仰、情感和爱好趣味来欣赏建筑，而人的思想、信仰和情感有很多差别，审美取向和判断不一样。如果主客体形成双向同构关系，像黑格尔所说的"外在的对象符合心灵"，便出现正面的审美评价。如建筑客体所蕴涵的思想内涵与主体的性格、倾向、个性、审美取向不能契合，双方存在差异，甚至不能相容，主体就不会欣赏那个建筑客体，加以否定和拒斥，这时主客体处于双向异质关系。

主体既有审美个性，也有共性。反对央视新楼的教授和激赏央视新楼的评论家都不是一个人，他们各自是反对派和赞成派的比较激进的代表，身后都有大批同道和支持者。当然，还有更多的态度温和的无可无不可的中间人士。

建筑审美的话题和评论大量存在，但对一般的建筑物说说好看难看就完了。认真地当成审美对象的建筑是那些具有国家意义或纪念意义或地标性的大型建筑。

有美的事物，没有"美"自身；有美的建筑，也没有客观存在的独立的"建筑美"自身。可是由于千百年来大家用惯了"美"这个词，用惯了"建筑美"这些词语，现在还在沿用，改也难，这也无妨，只要从价值论而非本体论意义上理解它们就行了。有人曾提出"美学"应改为"审美学"，至今仍难全改过来。"马照跑，舞照跳"，老词也照用。

不过，笔者总觉得将"美"字用于建筑并不很确切。有些事物我们用"美"字来形容，如美人、美景、美酒、美食……而另一些事物很少或并不用"美"来形容，如一般人不说美狗、美马、美鞋、美袜、美汽车、美冰箱，等等。与此仿佛，一般人也很少说这座建筑美，那个房屋不美，也不说美门、美窗、美柱、美的寺庙、美的教堂、美的天安门，等等。

为什么呢？笔者猜测或许是因为建筑、冰箱、鞋子等物实用性太强、不叙事、无情节、精神性内涵模糊不明显等缘故。

除了"美"这个词，还有没有恰当的字词可以表达我们对房屋、汽车等物的形象的感受呢？有的，就是"意味"（significance）。一般人观看建筑，会说那个建筑好看，这个房子难看；那座宫殿雄伟，这个教堂太怪；石头房子真坚固，那个玻璃高楼真轻巧；央视新楼看着真悬，水立方游泳馆新颖好玩，鸟巢体育场"怪有意思"……这些评语倒是能表达建筑客体在观赏主体心目中引起的各种意味——审美意味。

人们对同一建筑形象的看法和评价，有时差得很远，有时还会完全相反。370年前，法国哲学家笛卡儿提到过这种现象，他以花坛的布置为例写道："同一件事物可以使这批人高兴得要跳舞，却使另一批人伤心得想流泪。"[5]

不久前，北京的几座大型建筑物引出了类似的情景：也是一些人高兴，另一些人不悦，互唱反调。

对北京央视新楼的看法是建筑审美评价非常对立的一个例子。现行方案中标的消息传出后，一位教授著文批判，题目是：《"应当绞死建筑师？"——央视新楼中标方案质疑》。新楼动工，教授很痛苦，说"听到这个消息，我非常难受，有一种幻灭感！对这个国家失去了信仰。"

而一位艺术评论家则大声叫好，他说"央视新楼造型十分完美。"当听到该项目可能搁浅的传闻，他悲哀了："我从来没有那么悲哀过。"待到新楼开工，他转悲为喜，说"这种前所未有的扭曲造型可以产生丰富的空间变换感觉，产生各种想象……我喜欢它，因为它在许多方面具有挑战性。"

"美"这个词是人对自己超感性、超功利、精神性的愉快的命名。近时一位美国学者讲得也很清楚，他说："本体论意义上的美根本就不存在，美不是一物，不是某些不存在的性质，也不是多种性质的组合。真正存在的是人的鉴赏活动，而鉴赏活动来源于人类高级的本质力量……有高级能力的人就有了超越物质之上的精神享受——于是就有了鉴赏的冲动和需要——结果产生了鉴赏愉快。人通过下意识的精神活动使这种愉快对象化，并名之为美。"[6]

价值论美学认为审美价值存在于主体与客体的审美关系之中，弥补了客观论美学的缺失。央视新楼只有一个，不同的人对它的审美判断非常分歧和对立，原因需在主体方面寻找。"穿衣戴帽，各有所好"，既要看那衣帽的款式和料子，又要看穿戴者的状况和爱好。同样，研讨建筑艺术问题，既要看建筑客体的状况，又要看审美主体在建筑方面有怎样的素养和爱好。

* * *

美学和艺术问题太难了，两千多年来，经无数高人钻研，迄无公认的完美的理论和解说。建筑是不是艺术，各家有各家的看法，无妨也，都可存在，这类问题本来不需要统一的答案。

黑格尔认为建筑是"不纯"的艺术，笔者认为符合实际。

海德格尔是20世纪著名的存在主义哲学大师。他的《艺术作品的本源》本是1935年至1936年所作的几次演讲的汇编，当时即引起广泛重视，被看作"轰动一时的哲学事件"。对艺术的生成作了专门的探讨之后，海德格尔本人在后记中还说："本文的思考关涉到艺术之谜，这个谜就是艺术本身。这里绝没有想要解开这个谜。我们的任务在于认识这个谜。"[7]哲学大师海德格尔研究之后还说艺术问题是个谜，都未想解开这个谜，可见问题之繁难。

我们触碰建筑艺术及建筑审美等问题，仅仅是为认识建筑艺术这个谜作一些学习而已。

第二部分

欧美近现代建筑

第9章
建筑历史的新篇章

9.1　发达资本主义时代建筑领域发生广泛深远的变化

从18世纪后期起，英、美、法、德等国先后实行工业革命，社会进入发达资本主义阶段。科学技术长足进步，开始用机器制造机器。出现轮船、火车；发明电动机和发电机，继而有了内燃机、无线电、汽车……；人口剧增、城市化加速。经过改建、扩建，许多老城市改变了中世纪的旧貌。

社会方面的变动，引出建筑领域许多新现象、新事物和新观念。

建筑类型和数量剧增

生产和实用性建筑愈来愈多，愈来愈重要。工业厂房、铁路车站、银行和公司建筑、办公楼、电影院、体育馆、科学实验建筑等，大都是19世纪以前没有的建筑类型。原有的建筑类型，如旅馆、医院，也有显著变化，而历史上居于突出地位的统治者的宫殿、坛庙、陵墓退居次要。

房屋建筑商品化

愈来愈多的房屋不是供房产主自己使用，而是作为商品为市场而建造。以最少的投入获得最多的回报是大多数建筑活动要遵循的准则。房地产商在建筑活动中扮演着重要的角色。这种情形与封建社会很不相同。

建筑业与工业会合，生产率提高

工业革命以前，从建筑材料的制备到施工结束，全过程都靠人的双手。英国历史学家H·威尔斯曾写道："建筑方法非来个彻底革命不可。……什么都用手，一块块地砌砖，拖泥带水地粉刷，在墙面上糊纸，全靠一双手。……我不理解为什么还沿用这种珊瑚筑礁的方式。用更好的、少耗费些人的生命的做法，肯定能造出更好的墙来。"工业化后，建筑业与工业逐渐联手，施工速度大增，房屋建造由手工业向半机械化和半工业化过渡。

9.2　建筑工程——从宏观经验到科学分析

古代匠师造出许多宏伟的建筑结构，但他们是凭经验做的，知其然不知其所以然，并不明白结构的工作原理。拿拱来说，世界各民族早就会用砖拱和石拱。可人们对拱的理解却长期停留在表面的感性的阶段。古代阿拉伯人的认识是"拱从来不睡觉"。15世纪末，达·芬奇对拱的工作原理所作的解释是："*两个弱者互相支承，成为一个强者宇宙的一半支承在另一半之上，变为稳定的。*"在这种状况下，无论中国还是外国，科学发达以前，工匠们在建造时一般都只能按已有经验即或宏观的感性的判断行事。

为了方便，也为了向后辈传递已有的知识与经验，古人把一些工程做法、房屋的大小尺寸、构件的规格形状，用文字、数字，有时附以简单的图画，保存下来。15世纪意大利阿尔伯蒂（Alberti，1404—1472年）的著作讲到拱桥的做法时写道，桥墩的宽度应为桥高的1/4，拱券的净跨应大于4倍、小于6倍桥墩的宽度，石券厚度应不小于跨度的1/10。

中国宋代官方的《营造法式》、清代官方的清工部《工程做法则例》，以及民间的《鲁班经》等也是这样。清工部的《工程做法则例》对27种建筑物的各部分的尺寸作了详细的规定。如，一般房屋屋檐下的木柱的高度等于两根柱子间距的4/5，柱径为柱高的1/11。第二排木柱的直径为檐柱直径加1寸，最粗的柱子为檐柱直径加2寸，等等。这一类的法则和规定不是按具体情况、具体条件进行分析计算的结果，今天看来，常是尺寸偏大，用料偏多，也就是安全系数过大。许多古代建筑物能够屹立至今，往往就是由于安全系数大，有很大的强度储备。

要弄清工程结构的工作原理是很困难的，需要有很多条件配合，特别是有赖于自然科学的发展和进步。而自然科学的重大进步在近代才出现。

"*随着中产阶级的兴起，科学也大大地复兴了……资产阶级为了发展它的工业生产，需要有探察自然物体的物理特征和自然力的活动方式的科*

学。而在此以前，科学只是教会的恭顺的婢女……资产阶级没有科学是不行的……"[1]

以横梁为例，17世纪初，由于造船业发展的需要，伽利略开始研究梁的强度问题，1638年伽利略出版《关于两种新科学——力学与局部运动——的论述与数学证明》，书中论证构件形状、大小与强度的关系。接着，在17、18两个世纪，材料力学与结构力学迅速发展，都是在建造大型船舶和铁路桥梁的需要推动下发展起来的。

对梁的研究成果帮助了对其他结构形式的研究。桁架是用多根不长的木杆或金属杆组合成的构架，用料不太多却可以跨越较大的距离，常常用作桥梁和屋顶。19世纪后期，拱的理论逐步成熟，在实践中出现多种形式的拱结构。1889年巴黎机器陈列馆的115米跨度就是靠用钢铁制的三铰拱做成的。

经过大约10代人的持续的科学探究，到20世纪初期，人们终于掌握了工程结构的主要规律，建立了相应的计算理论。

新事物出现时都会有怀疑者和反对者，结构科学也是如此。1805年，巴黎公共工程委员会的一名建筑师公开对建筑与科学的结合大泼冷水，他宣称："在建筑领域中，对于确定房屋的坚固性来说，那些复杂的计算、符号与代数的纠缠，什么乘方、平方根、指数、系数，全无必要。"1822年，英国一个木工出身的建筑师甚至说："建筑物的坚固性与建造者的科学性成反比！"

这种传统和习惯的力量是顽固的，但由于它反科学的消极性，特别是科学方法带来的好处可以用银子表现出来，无法拒绝。反对的声浪不久就消失了。

总之，过去，造房子的人沿用老模式办事，在几百上千年的长时期中，结构方面进步很慢。现在科学的分析计算和实验，可以预先将未造的房屋各部分受力的状况揭示出来，把不合适的、无效的、不安全的做法排除掉，确定出合理的、坚固的、经济的、安全的建筑设计，将工程中的风险日益减少。设计人员获得越来越大的主动创新的能力，能够应对种种无先例的技术上的挑战。可以说，在建筑工程方面，人们逐渐从"必然王国"进入"自由王国"。

9.3　出现土木建筑学科群

自然科学的进展及渗入建筑领域，提高了建筑工程的科学技术性，建筑突破过去的限制，建造出层数多、跨度大、坚固安全、便利合用的建筑物。

与此同时，带出了多项与房屋建筑相关的学术、学科、专业与职业，衍生出一个与房屋建筑关联的学科集群。包括材料力学、结构力学、建筑环境学、建筑声学、建筑光学、建筑热工学、给排水工程、建筑机电设备，等等，形成土木建筑学科群。

现今，在稍微重要的建筑项目的设计和施工中，都要有多个不同专业的工程师和建筑师一起工作。

这些学科、专业的出现和从业人员研制出的新型设备，使现代的房屋建筑在坚固、卫生、便利等物质性方面，远优于古代和中世纪的房屋建筑，包括历史上的最高等级的宫殿和豪宅。

历史上的建筑物，几乎没有什么建筑设备。以今天的标准来看，房屋的实际使用质量是很差的。18世纪，巴黎卢浮宫里跳舞作乐的达官贵妇内急了就在门背后、阳台上、楼梯下自行方便。宫殿豪华却没有卫生设备。抽水马桶的出现和厕所进屋是近代才有的事。

近二百年是房屋建筑大幅度提质增效时期

1866年（清同治五年），清政府派从同文馆（学习外语的学校）刚刚毕业的学英文的张德彝和另外两名学生在一名三品官的率领下去欧洲游历，以熟悉外国情形，"探其利弊"。这几位转了英、法、比、荷、俄、瑞典、芬兰、丹麦、普鲁士等十个国家。走马看花，饱览各种新奇事物，大开眼界。张德彝在他的著作中对当时欧洲建筑有一些生动有趣的记述。

他描写他住的马赛旅馆是"四面石楼七层，中置玻璃照棚。住屋数百间，上下皆有煤气灯出于壁上，其光倍于油蜡，其色白于霜雪。"对新型卫生设备他也有描写。张德彝在由天津到上海的外国轮船"行如飞"号上见识了冲水马桶。他记述轮船"两舱之中各一净房，亦有阀门。入门有净桶，提起上盖，下有瓷盆，盆下有孔通于水面，左右各一桶环，便溺毕则抽左环，自有水上洗涤盆桶。再抽右环，则污秽随水而下矣。"对于马赛旅馆中

1877年巴黎百货公司的升降机　　　埃菲尔铁塔当年的升降机

的卫生设备他也有记述："又各屋墙上有二小龙头，一转则热水涌出，一转有凉水自来。层层皆有净房数间……纸匣、瓷瓶、水管皆备。"这七层楼的旅馆装有机械升降设备。张德彝称之为"自行屋"，他写道："如人懒上此四百八十余步石梯，梯旁有一门，内有自行屋一间，可容四五人。内有消息，按则此屋自上，抬则自下；欲上第几层楼时，自能止住。"[2] 这些文字记下中国人在近代开始走向世界时期的观感，其中关于高层建筑的部分很可能是国人关于国外高层建筑最早的记述。

什么都新奇！张德彝在欧洲见到的许多事物当时还没有中文译名，张德彝只好自撰。他称火车为"火轮车"，铁轨为"行车铁辙"，火车站为"沿途待客厅"。他给缝纫机起名"铁裁缝"，橡皮名"印度擦物宝"，博物馆名"集奇馆"。他介绍西人食品："加非（咖啡）系洋豆烧焦磨面，以水熬成者。炒扣来（巧克力）系桃杏仁炒焦磨面，加糖熬成者。"云云。

9.4 "摩天楼"的出现

无论中外，人们早就企望建造高耸的建筑，但很长时间办不到，固然有的建筑物造得相对稍高，如西欧哥特式教堂的高塔，如中国山西应县佛宫寺木塔，但都是特例，除宗教意义外，并无其他实际用处。

1896年（清光绪二十二年）8月28日，李鸿章访问美国。邮轮进入纽约港，港内船只汽笛齐鸣。美国东部陆军司令登上邮轮，向李鸿章致欢迎词。李鸿章乘四名轿夫抬的软轿下船，坐进敞篷马车。在纽约街道上行进。李鸿章入住揭幕不久的纽约华尔道夫饭店（Waldorf-Astoria，1893年）。这家顶级豪华的饭店，一百多年来一直是纽约最尊贵的饭店之一。

李鸿章离开纽约前接受记者采访，一位美国记者问李大臣："阁下，您在这个国家的所见所闻中什么使您最感兴趣？"李鸿章回答："我对我在美国见到的一切都很喜欢，所有事情都让我高兴。最使我感到惊讶的是20层或更高一些的摩天大楼，我在清国和欧洲都从没见过这种高楼。这些楼看起来建得很牢固，能抗任何狂风吧？"李鸿章接着说："但清国不能建这么高的楼房，因为台风会很快把它们吹倒，而且高层建筑如果没有你们这样好的电梯配套也很不方便。"[3]

李鸿章的谈话表明：他把纽约数十层的高楼列为他在美国所见到的最令人惊讶的事物。他关心高楼的坚固性，特别是抗强风问题；也注意到高楼设备的重要性。

世界上10层以上真正实用的高层建筑，到19世纪末期才逐渐出现。

楼房层数长上去需要具备多种条件，主要是两个方面：一是经济社会有现实的需要；二是具备建造高层房屋所需的材料与技术。

19世纪末期，西欧和美国几个发展特别迅速的大城市，最先出现了房屋和建筑上的需要与可能。那些城市人口大增，用地紧张，地价上涨。一方面，城市向周围扩展，另一方面，大公司、大银行、大商店、大酒店特别垂青市中心繁华街道的某些区段，要千方百计在原有市区获得尽可能多的建筑面积，便要全力在有限的地块上取得最多的建筑面积。最简便、最有效的方法是增加层数。

增加层数，在技术上，首先是房屋结构的问题。要房屋既高又坚固，第一看房屋结构用的是什么材料。房屋结构除了支承房屋自身和在里面的人与物的重量外，还要承受风力、振动、温度变化等加在房屋上的荷载。用土和竹木做结构材料的房子显然高不上去，就是用砖石做墙的房屋也很难超过六七层。因为砖墙高度增加，墙厚也得相应增加。

1891年，在美国芝加哥造了一座用砖墙承重的16层的蒙纳德诺克大楼

（Monadnock Building），按当时通行的做法，单层砖房墙厚为12英寸（30.48厘米），上面每加一层，底部墙厚要增加4英寸（10.16厘米），这个16层的砖墙建筑的底层外墙厚近2米。费工费料不说，而且砖砌外墙不能开大窗。经济效益很差。

必须使外墙的厚度与楼房的层数脱离关系。办法是建筑物里外全用柱子来承重。柱子与梁组成框架，承担房屋的全部荷载。中国传统木构建筑就采用框架结构的原理。中国老式房子有"墙倒屋不塌"的说法，因为那些墙不承重。问题是木材本身比较软弱，强度不高。

需要有比木材强度高的材料来做房屋的框架。冶铁术早就有了，但是长时期中，无论中外，铁都没有用作主要的建筑材料，主要是由于铁的产量少，只能用于制作较小的工具、兵器和配件等等。同时，在很长的时

中国传统木构建筑施工

中国传统木构建筑柱础施工

期中，用土、木、砖、石造的房屋一般已能满足需要，就是说，没有使用新的结构材料的迫切的社会需求。

19世纪中期，恩格斯居留英国，他在描述当时英国工业化时期的状况时提到："发展得最快的是铁的生产。……炼铁炉建造得比过去大50倍，矿

石的熔解由于使用热风而简化了，铁的生产成本大大降低，以致过去用木头或石头制造的大批东西现在都可以用铁制造了。"[4]

铁路桥由石桥改为铁桥，工厂的木屋架改为铁屋架，一些多层楼房内部先用铁梁和铁柱，继而出现完全的铁框架。1885年，芝加哥家庭保险公司建成一座10层的铁框架建筑（家庭保险公司大楼，Home Insurance Building）。1888年纽约一座11层的框架结构房屋落成时，恰遇一场暴风雨，许多人担心，赶去看它能否顶住大风雨的袭击，结果无事。次年，即1889年，巴黎建起了300米高的埃菲尔铁塔，铁塔不是房屋，但它岿然不动地屹立在那里，有助于消除一般人对高层建筑的恐惧心理。

1871年美国钢产量为7.4万吨，到1901年增为136.9万吨，扩大18.5倍，重要的房屋建筑都改用钢结构，坚固性更有保证。

有了钢结构，大楼的层数越来越高，人们在街面上仰望大楼的顶尖，觉得它们好像擦着天了，所以，美国大众把那些高楼叫"skyscraper"。"sky"是"天空"，"scraper"是"刮、擦"用的器具。这是个很形象的译名。我们不知是哪位中国人最早把"skyscraper"译作了"摩天楼"。这个译名符合严复提出的"信、达、雅"的原则。这便是中文"摩天楼"这个词的来历。

开始，人们认为铁不会燃烧，不怕火灾。所以早期铁结构房屋的铁构件常常暴露在外。但是如果温度太高，铁会变软，强度降低；温度再高，铁还会熔化。1871年芝加哥中心区发生火灾，火势蔓延极快，10平方公里地区被毁。原因之一是大火起来后，铁熔化了，温度极高的铁水流到哪里，哪里便着火。吸取教训，人们认识到：钢铁具有一定的耐热性，不等于没有问题，温度超过150℃，钢结构便抗不住了。以后钢结构上都加有隔热层，使之比较能耐高温。

建造高层建筑还有一些问题需要解决。首先，楼层高了，只靠步行爬楼可不行。早期的高层建筑没有升降机械，除了人难上外，水啊、燃料啊……都得靠人力往上搬，楼层越高租金越低，越少效益。

许多人努力解决升降机问题。特别是安全问题。1854年，在纽约世界博览会上，一人演示他的发明，升降机升到4层楼的高度，助手把吊绳砍断，它立即停住。此人即奥的斯电梯公司的创始人。

19世纪末、20世纪初，高层建筑需要的一些设备如上下水、卫生器具、供暖系统、电话等通讯系统，以及消防设施等，得到不断的改进完善，并增加多种新的品类，高效便利的设备使得高层建筑愈来愈多、愈来愈高。

自19世纪末起，新兴的美国在建造高层建筑方面的热情超过了欧洲老牌资本主义国家。进入20世纪以后，美国的大楼更是越盖越高。大公司、大企业你追我赶，一个赛一个，出现楼房高度竞赛的奇观。这种景象在芝加哥和纽约两地尤其突出。

19世纪后期，芝加哥快速发展，由一个小市镇迅速成为一个大的经济中心，房地产业迅速发展，当时那里的情景同20世纪末我国深圳等城市差不多。当时那里的大公司、大银行、大企业急切需要市中心繁华地段上的建筑面积。这种需要推动芝加哥的工程师、建筑师突破常规，积极寻求新的建筑技术和设计方法，不断建造出更新、更高的大楼。

纽约很快赶上来。1891年芝加哥建成22层的楼房，七年后的1898年，纽约出现26层的大楼。1908年制造缝纫机的美国胜家公司在纽约原有的11层楼房上面加建一个33层的塔楼，使之成为总高187米、47层的大楼。这个胜家大楼（Singer Building）把别的大楼全比下去，成为当时全球第一高楼。过了三年，到1911年，纽约都会保险公司在闹市区买下一座教堂，拆掉，在那里盖起一座50层的大楼，它的高度达到213米，把"世界第一高楼"的称号夺了过来。可是，好景不长，两年之后，渥尔华斯公司出来同保险公司竞赛，那是一个专售5分和1角钱小商品的连锁零售企业。1913年，它造出了一座高度为234米的57层的大楼，把第一高楼的桂冠戴到了自己头上。大楼外形上用了一些哥特式教堂建筑的形式元素，于是人们给它起了一个外号："商业大教堂"。这个大楼的揭幕式很隆重，当时的美国总统也光临了。

美国的纽约和芝加哥是现代高层建筑和超高层建筑的两个发源地。

1913年，纽约曼哈顿岛上已有10层以上的高楼1100多座。第一次世界大战（1914—1918年）后，欧洲因战祸越来越衰落而美国经济日益繁荣。20世纪20年代美国大城市中又出现建造高层建筑的热潮，楼房层数进一步增高。到1931年，纽约30层以上的高楼已有89座，最高的一座有85层。按通行的分类，30层以上的称为超高层建筑。

高层建筑为什么越来越高？

纽约都会保险公司大楼（1911年）　　　　　纽约渥尔华斯大楼（1913年）

　　马克思有一段话说："一座小房子不管怎样小，在周围的房子都是这样小的时候，它是能满足社会对住房的一切要求的。但是，一旦在这座小房子近旁耸立起一座宫殿，这座小房子就缩成可怜的茅舍模样了。这时，狭小的房子证明它的居住者毫不讲究或者要求很低；并且，不管小房子的规模怎样随着文明的进步而扩大起来，但是，只要近旁的宫殿以同样的或者更大的程度扩大起来，那么较小房子的居住者就会在那四壁之内越发觉得不舒适，越发不满意，越发被人轻视。"[5] 这里讲的是心理因素。

　　另一方面，楼越高，名越大，利也越多。当年渥尔华斯公司的老板就赞叹他那座大楼是"不花一文钱的大广告牌"。所以，只要有可能，大的公司企业就会争取把世界最高建筑的桂冠夺到自己手中。

　　第二次世界大战（1937—1945年）前，世界上最高的建筑物是纽约的帝国州大厦（Empire State Building）。美国的各个州都有一个别名，纽约州的别名是"帝国州"（Empire State），这座大厦即以此命名。但许多人未留意原名中有个"state"，因而把这座大楼简称为"帝国大厦"。

纽约帝国州大厦（1929—1931年）

帝国州大厦坐落在纽约市曼哈顿繁华的第5号大街上。地段面积长130米，宽60米。大厦下部5层占满整个地段。从第6层开始收退，平面减为长70米，宽50米。第30层以上再收缩，到第85层面积缩小为40米×24米。在第85层之上，建有一个直径10米、高61米的圆塔。塔本身相当于17层，因此帝国州大厦号称有102层。原来并没有这个圆塔，后来为了让当时往来欧洲与美国之间的飞艇停泊，在大楼顶上加建了这个用来系泊飞艇的塔，设想飞艇到了纽约上空，便停驻在帝国州大厦的尖顶上，乘客经过这个塔和大楼，下到地面上。但是，不料，德国的齐柏林伯爵号洲际飞艇不久就爆炸失事，飞艇这种交通工具便被停用了，帝国州大厦的塔顶一次也未停泊过飞艇。但这个小塔给大厦增加了高度，使帝国州大厦最高点距地面为380米。至此，地球上的建筑物的高度第一次超过巴黎埃菲尔铁塔。

从技术上看，帝国州大厦是一座很了不起的建筑。它的总体积为96.4万立方米，有效使用面积为16万平方米。建筑物的总重量达30.3万吨。房屋结构用钢材5.8万吨。由于这个巨大的重量，大厦建成以后，楼房本身压缩了15—18厘米。

大厦内装有67部电梯，其中10部直通第80层。如果徒步爬楼，从第1层到第102层，要走1860级踏步。大厦内有当时最完备的设施。楼内的自来水管长达9.6万多米，当初安装的电话线长56.3万多米。大楼的暖气管道极长，供暖时管道自身因热膨胀将伸长35厘米。

值得一提的是帝国州大厦的施工速度。1929年10月开始拆除地段上的老房子。11月，工程师们开始做大厦的详细结构设计。1930年1月底，工程师们把底部钢结构

纽约曼哈顿鸟瞰——20世纪80年代景观

的图纸送交加工厂。3月1日，大楼工地开始安装钢结构。到这年9月22日大厦的钢结构施工全部完成。10月，各层楼板完工；11月，外墙石活结束。次年，即1931年的5月1日，大厦全部竣工。

帝国州大厦从动土到交付使用只用了19个月。按102层计算，大厦施工速度为每5天多造一层。这是非常快的施工速度，在20世纪70年代以前，在美国也没有被超过。

帝国州大厦施工快速的原因之一是建筑设计时就考虑到加快施工速度。这座大厦的体形比先前的大多数高层建筑都简洁，特殊的装饰也极少，所以建筑用的构件、部件、配件的规格品种大大减少，而且大多数可以预先加工拼装，现场工作量减少。以帝国州大厦的窗子来说，它的外墙

上总共有6400个窗子，其中5704个是把铝制窗子同窗下的那块墙板预先装配成一体。而且总共只有18种不同规格。外墙其他部分的表层石板规格也很少，而且与石板后面的砖墙预先结合在一起，只需一次吊装。这些做法大大减少了工人的手工操作和现场工作量，也减少了加工订货和运输上的麻烦，从而提高了建筑业的劳动生产率。

施工快的另一个原因是施工组织管理做得细致严密。帝国州大厦位于纽约最繁忙的大街上，高楼大厦鳞次栉比，马路上车水马龙，川流不息。而大厦本身把地段完全塞满了，现场没有丝毫空地。运到的施工用料和设备只能在大楼底层内卸车，并即刻移走。参与施工的有40多家公司，所有活动都必须严格按计划进行。刚刚轧好的钢构件运出工厂，要在80小时内安装到建筑物上去。在施工高峰时期，每天有500多辆货车运来物料，卡车司机都清楚他那车货要在什么时刻送到哪一个吊笼跟前，否则不准驶入工地。这样就减少了二次搬运的工作量。施工地点只允许储备三天的用料，多了没地方放。混凝土搅拌站则设在大楼的地下层内。帝国州大厦施工人数最多时有3500人。大楼层数上升，工地食堂也随着升上去。这样，在20世纪20年代末机械化、自动化水平不高的情况下，帝国州大厦实现了当时最快的施工速度。不仅速度快，而且节约了资金。当初预算是5000万美元，实际用了4094.89万美元，节省近五分之一。这实在令人惊奇，因为我们现在盖房子差不多总是突破预算，需要追加投资。

人们曾经担心那个空前高大的楼房的自重会引起地层变动，这种情况没有发生，因为从基地挖出的泥石比大楼还重。人们又担心大厦在大风时摆动过大。到1966年为止的记录，帝国州大厦顶端最大的摆动为7.6厘米。人在楼内是安全的，没有什么感觉。

1945年，即第二次世界大战结束的那一年，一架B-25型重型轰炸机在大雾中撞到帝国州大厦的第78与第79层，大楼的一道边梁和部分楼板受到损坏，有一部行驶中的电梯被震落下去。这次事故中飞机完蛋了，楼内死11人，伤27人，但对大楼没有大的影响。专家认为大楼即使再增高一倍，它的现有结构也支持得住。

帝国州大厦的建成是人类建造高楼史上的一个里程碑。第二次世界大战后，摩天楼的发展进入一个新阶段。

第10章
新型建筑师与新型建筑

10.1　新型建筑师

　　历史上造房子的事情大都由工匠（有石匠、木匠、泥水匠等）完成，设计策划概由经验丰富、技艺高的人掌管，后世有人称他们为"工匠建筑师"。最重要的建筑物有艺术家参与。如古希腊雅典卫城的建造由雕刻家菲狄亚斯主持。在宗教兴盛时代，宗教机构有自己的"僧侣建筑师"。1671年，法国国王在设立美术、舞蹈等学院的同时设立了建筑学院，专门培养为宫廷服务的高级建筑艺术人才。这些人都有很高的文化艺术修养，是早期的专业建筑师，但他们不得承接非官方的任务。

　　中国历史上的建筑任务也由工匠和匠师担当。唐代柳宗元（773—819年）在《梓人传》中记述了一位建造房屋的匠师的情形，该人自称"吾善度材。视栋宇之制，高深圆方短长之宜，吾指使而群工役焉。舍我，众莫能就一宇。故食于官府，吾受禄三倍。"柳宗元亲到官署工地察看，见各种工匠都在这位匠师指挥下干活。此人"量栋宇之任，视木之能举，挥其杖曰：'斧！'彼执斧者奔而右。顾而指曰：'锯！'彼执锯者趋而左。俄而斤者斫，刀者削，皆视其色，俟其言，莫敢自断者。"这位梓人"画宫与堵（在墙壁上画房屋图），盈尺而曲尽其制，计其毫厘而构大厦，无进退焉。既成，书于上栋曰：'某年某月某日某建'则其姓字也。凡执用之工不在列。余圜视大骇，然后知其术之工大矣。"[1]那位梓人实是唐代某一等级的个体"建筑师"。柳宗元作为一代文豪，亲自关注工匠的活动，记述如此生动，实在难得。

　　中国清代，皇家也有御用建筑班子，即"样式雷"。

　　在西方，进入19世纪，建筑市场扩展，专业建筑师渐渐不再依附于宫廷、贵族、教会，谁聘用就为谁服务。同时，建筑师的职责范围缩小了。

结构工程师、各种设备工程师、施工工程师等分担了造房子中多项专门技术工作。新型专业建筑师最先出现在英国，1834年英国成立"英国建筑师协会"，后改名为"英国皇家建筑师协会"。

美国情况稍晚，19世纪前期，美国大城市纽约、波士顿等的大量房屋是营造厂一手承建。工匠师徒相传，简单房屋不用图纸，遇复杂任务时找打样师即画图员画几张图就行了。美国建筑师加利尔（James Gallier）在英国学习建筑后回到美国，他在1864年出版的自传中写道：

> 我于1832年4月14日到纽约，我发现大多数人都弄不懂什么是专业建筑师。营造商们——他们本人是木匠或泥瓦匠——全把自己称为建筑师。那时候，有的业主要看建筑设计图，营造商就雇个可怜的画图员画几张图，给他一点点钱。当时的纽约大约只有半打画图员。这样搞出的图其实没多大用处。要盖房子的人一般是先看中一处合乎自己需要的建成的房屋，与营造商讨价还价，要他们给自己照样建一幢。……
>
> 严格地说，当时纽约只有一个建筑师事务所，是陶恩与戴维斯合伙经营的（Town & Davis）。陶恩原是木匠。……，他去过伦敦一两次，买回一批建筑艺术的书籍，在事务所里布置了一间图书室。戴维斯是个好的画图员，有较好的艺术修养。[2]

营造商包建房屋与专业建筑师负责制并存很长时期。后来，建筑师为业主做设计多了起来，并渐渐代表业主进行工程监督。原来作为营造商的雇员，收入不高，成立专业建筑事务所后，建筑不断完善，不断创新，质量提高。1836年组成建筑师协会，定出建筑师收费制度。1856年"美国建筑师协会"成立。

19世纪中期美国还没有现代意义的高等建筑教育，想进入建筑设计领域的人要进入建筑师事务所或营造厂边工作边学习。在建筑师事务所学习绘图要交学费。另外，也有专门教制图的学校。

可见，现代意义上的专业建筑师和专门培养建筑师的高等教育机构是很晚的事，出现得相当晚，是近代社会生产分工细化的产物。与历史时代相比，房屋建筑的设计与施工分工愈来愈细。一个建筑设计班子中，一般都有几位不同专业的工程师共同工作，建筑师协调各专业的任务，起主导作用。高等建筑教育出现以后，从工程实践中出身的建筑师减少了，而建筑学术和建筑创作迅猛发展。

中国社会近代化和工业化的进程晚于西方近二百年，建筑领域也是如此，中国近现代建筑的开端不是自发出现的，它的最初的基础是从国外移植来的。中国最早的现代建筑师，少数去日本或欧洲留学，大多是从美国大学建筑系科留学回来的。其中有庄俊、关颂声、吕彦直、杨廷宝、梁思成、童寯等人。他们有很高的建筑学术水平，回国后立即大显身手，他们开办中国人的建筑事务所，"一时多少豪杰"，与在华外国建筑师分庭抗礼。1928年，上海有近50家外国建筑设计机构，中国人开办的寥寥无几。过了八年，外国机构减为39家，中国机构增至12家。更有意义的是，当年的"海归派"在中国大学里办起建筑系，开始自己培养建筑师了。1927年，中国建筑师公会成立。

中国有了自己的现代建筑师，对于中国建筑事业至关重要。传统建筑的设计和建造，统由手工艺匠师掌控，他们的技能主要通过师徒传授得来，建造房屋时基本遵循前人传下来的法式和规制。工匠主持的建筑，继承性强，创新性弱。现代建筑师大不一样，他们受高等教育，知识面广，科学和艺术水平高，眼界开阔，创造意识强，不断接受新观念、新事物，不断提高建筑质量。

10.2　建筑样貌多样化

19世纪是人类社会剧烈变化的时代。在此期间陆续出现许多新的建筑类型：议会建筑、公司大厦、大型工厂、商场、百货公司、铁路车站、娱乐场所，等等。房屋建筑推广使用多种前所未有的材料、结构、设备和建造技术。在物质方面，新事物比比皆是，层出不穷。在这种情况下，"建筑形象"怎么办？

就是说，在房屋建筑有了新材料、新结构、新功能的时候，房屋建筑的形象，即一般说的"建筑形式"和"建筑风格"，要不要变？该不该变？全变，部分变？快变，渐变？还有，建筑形象能不能依然保持"原状"，"以不变应万变"？

1828年，德国人哈布希（V.A.Hübsch）研究这些问题，发表长文《我

巴黎某百货公司内景（与巴黎歌剧院同期，19世纪70年代）

们的建筑应采取什么风格?》。他写道："我们有自己时代的风格吗? 我们有独特的、独一无二的、明显属于19世纪的风格吗?"³ 作者似乎希望有不同于过去的新的建筑风格。

而当时欧美社会的主流思想偏于保守。书刊上有文章认为"那种主张我们应该在建筑细部方面抛弃所有先例的新学派的理论，从理智上讲是不可能的。……这种尝试只能导致光秃与古怪。事实上，过去的每一种伟大风格都是从以前风格的细部中发展而来的。"

19世纪著名英国艺术和建筑评论家拉斯金（John Ruskin，1819—1900年）讲得坚决干脆:

> 我们不需要新的建筑风格，就像没有人需要绘画和雕塑的新风格一样。当然，我们需要有某种建筑风格。……我们现在知道的那些建筑样式对我们是足够好的了，远远高出我们之中的任何人，我们只要老老实实地运用它们就是了，要想改进它们还早着呢! ⁴

拉斯金的意见是当时欧洲上层社会的主流。而社会的文化思想总是多种多样的，关于建筑的意见也不会完全一致，当时多数新的建筑并没有完全按拉斯金的意见建造。新造建筑担负新的功能，部分采用了钢铁材料和新型结构，装有新的设备。至于建筑形象，这些建筑虽然继续采用历史流传下来的建筑样式，但并不死守旧样式、旧规矩，而是加以变通和改进，使之适合新的条件和需要。

英国议会大厦（1836—1860年）、美国国会大厦（1851—1864年）、华盛顿的白宫（1792—1829年）、伦敦的英国博物馆（1824—1847年）、巴黎新卢浮宫（1852—1857年）和巴黎歌剧院（1861—1875年），是这种做法的著名例子。

这些建筑物从总体构图到细部装饰，有选择地借用历史上的形式，但都有所改动，灵活运用，有传承，有创新。这样的建筑物虽然是新型建筑，但人们不感到陌生，借用遗产，又有新意。给人的印象，它们是欧洲建筑历史长链的发展延伸。直到21世纪的今天，仍受到人们普遍的接受和欣赏，成为旅游者爱去的景点。

如果我们把拉斯金关于建筑形象的意见作为"保守传统主义"的反映，那么，美国和英国的议会大厦及巴黎歌剧院等，可以称之为近代建筑中"新传统主义"的代表作，特点是有历史传承又有创新。

下面我们以巴黎歌剧院作为例子，稍微了解一些具体的情形。

10.3 有历史传承的新型建筑——巴黎歌剧院

19世纪中期，法国已是一个资本主义大国，但政局时常变动。1848年，政治冒险家路易·波拿巴当上"法兰西第二共和国"的总统，接着又改称"法兰西第二帝国"皇帝。法国在海外拥有殖民地，财富膨胀。其间巴黎进行由奥斯曼主持的城市改造，建造了城市供水和排水系统，修建了宽阔的马路，设置了煤气街灯，建造了图书馆、医院、市场、公园，等等。巴黎从中世纪城市变身为近代化首都。

资产阶级不是僧侣，不是有爵位的贵族，新的资产阶级上流人士需要有新型的社交活动中心，巴黎歌剧院（Opera，1862—1875年）正好满足新的上流社会这方面的需求，它是古罗马斗兽场和巴黎圣母院的对应物。

巴黎歌剧院（1862—1875年建）

巴黎歌剧院前厅

这座建筑虽然是新型建筑，但由于利用了欧洲历史上的建筑元素，人们不感到陌生，认为是欧洲建筑历史长链的延伸。

奥斯曼改建巴黎，给歌剧院一块四通八达的宝地。这个歌剧院不单是欣赏音乐戏剧的文化场所，也是上流社会的礼仪性厅堂，成功人士的社交中心。其时社会财富充盈，需要这样一个建筑物，也有能力尽力做得富丽堂皇、奢华精致，令去那里的人进入前和进入后都感到欢乐、骄傲。在歌剧院里面，人们看人又被人看，既是歌剧的观众又是巴黎的社会大戏里的"演员"，令大家更有激情，更自豪，更满足。

建筑师夏尔·加尼耶（Charles Garnier，1825—1898年）的歌剧院建筑设计非常精细周到。他参考法国古典主义建筑和巴洛克建筑的样态，从米开朗琪罗等人的建筑作品中得到启示。巴黎歌剧院有多个入口。皇帝专用的大门宏伟壮观；其他的观众，乘车的和步行的有不同入口。歌剧院内有多个休息室和开敞的环廊。歌剧院用的是钢铁结构。为了保证每位观众都有最好的视觉和听觉效果，剧场座位限定为2158座。歌剧院里安装了通风系统和电梯，多个化妆室有单独的卫生间。运送布景道具的马车能够直接进入歌剧院内部，方便装卸。

巴黎歌剧院在诸多方面不同于历史上的演出建筑，是当时世界上功能最完善，设施最先进，视听效果最佳，而且宏伟豪华的演出建筑。

10.4　去传统——铁和玻璃的"水晶宫"（伦敦，1851年）

1851年5月1日，距今已167年，在英国伦敦海德公园内，世界上第一个世界性博览会举行了开幕典礼。

出席开幕式的人惊讶地发现自己处身于一个前所未见的、高大宽阔而又非常明亮的大厅里面。在一片欢欣鼓舞的气氛中，维多利亚女王于礼乐声中剪彩。室内的喷泉吐射出晶莹的水花。屋顶是透明的，墙也是透明的，到处熠熠生辉。人们说，到了这座建筑里面，仿佛走入神话中的仙境，产生仲夏夜之梦的幻觉。于是这座晶莹透亮，从来没有过的建筑物被称为"水晶宫"（Crystal Palace）。

这次博览会展出英国本土的和来自海外的展品1.4万多件。在半年的展期中，英国本国及来自世界各地的600万人参观了这次博览会，真正是盛况空前。

博览会陈列的展品中，小的有新问世的邮票和钢笔、火柴；大的有自动纺织机、收割机等新发明的机器，连几十吨重的火车头、700马力的轮船引擎，都放在屋内展出，建筑内部空间之宽阔，令19世纪中期的人非常吃惊。

对于这次博览会的成功召开，维多利亚女王特别兴奋。当晚她在自己的日记里记下感受："一整天就只是连续不断的一大串光荣……一切都是那么美丽，那么出奇。房子内部那么大，站着成千上万的人……太阳从顶上照进来……地方太大，以致我们不大听得见风琴声的演奏声……人人都惊讶，都高兴。"[5] 女王笔下的这些文字是对当日盛况的生动而又难得的写照。

女王的丈夫阿尔伯特亲王，主持博览会的筹备工作，一个小型委员会在他领导下工作。

起初一切很顺利。世界各地的厂家热烈拥护、表示赞同，其他大国也愿意送来展品。政府批准在伦敦市内的海德公园里建造博览会馆。然而，在博览会的建筑问题上出了麻烦。

博览会预定1851年5月1日开幕，而这时已到了1850年初，当务之急是做出博览会馆的建筑设计。1850年3月筹委会举行全欧洲的设计竞赛。总共收到245个建筑方案。数量很多，但评审下来，没有一个合用。

困难在于从设计到建成开幕，只有一年零两个月的时间。而博览会结束后，展馆还得拆除。这座展览建筑既要能快速建成，又要能快速拆除。其次，展馆内部要有宽阔的空间，里面要能陈列火车头那样巨大的展品，要容纳大量的观众，还得有充足的光线，让人能看清展品。还得有排场、气派，不能搞临时性的棚子凑合事。

借鉴历史上的建筑样式，把展馆做得宏伟、壮观，是当时建筑师的强项，送来的245个建筑方案各色各样，全都是按已有的传统建筑方式和建筑体系设计出来的，都很壮观、华丽、体面。费工费料不说，要命的是没有一个走传统路线的建筑方案能够在一年多点的时间内建成。

那个时候，全世界都找不出一处现成的建筑可供办世界性大型博览会参考借鉴。只得想办法创造。

筹委会组织一些建筑师自行设计。然而，拿出来的方案也不符合要求。

1850年春夏之交，博览会筹委会那班人伤透脑筋，进退两难，不知怎样好。

中国京剧演员常说"救场如救火"。在这个当儿，一个"救场"的人出现了。

此人名帕克斯顿（Joseph Paxton，1801—1865年），其时50岁。他找到筹委会，说自己能够拿出符合要求的建筑方案。筹委会的人将信将疑，愿意让他试一试，但时间不能长。

帕克斯顿和他的合作者忙活了八天，果真拿出了一份符合各种要求的建筑设计方案，还带有造价预算。筹委会反复研究，感到满意，终于在1850年7月26日正式采纳帕克斯顿的方案。施工任务由另一公司负责。

帕克斯顿提出的建筑方案与众不同。

整个展馆基本上是用铁柱、铁梁组成的三层框架。长1851英尺（合564米），隐喻1851这个年份，宽408英尺（合124米）。正中有凸起的圆拱顶，其下的大厅高点108英尺（合33米）。左右两翼高66英尺（合20米），两边有三层展廊。展馆占地约7.18万平方米。建筑总体积合93.46万立方米。屋面和墙面，除了铁件外全部是玻璃。整个建筑物是一个

1851年伦敦世博会"水晶宫"内景

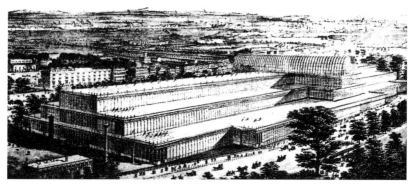

1851年伦敦世界博览会会场"水晶宫"全景

庞大的铁与玻璃的组合物。

帕克斯顿的建筑方案于1850年7月26日被正式采纳，此时距预定的1851年5月1日开幕日只有9个月零5天。庞大的展馆只用了4个月多一点的时间就建成了。速度快的原因是，由于它既不用石头也不用砖头，工地极少泥水活。而且用料单一，只用铁与玻璃。整个建筑物用3300根铸铁柱子和2224根铁（铸铁和锻铁）制的桁架梁建造。柱与梁连接处有特别设计的连接体，可将上下左右的柱子和梁连接成整体，牢固而快速。

整个建筑物所用构件与部件都是标准化的，只用极少的

1851年伦敦第一届世界博览会，迁建后的会场

型号。例如屋面和墙面都只用一种规格的玻璃板，不但工厂生产很快，工地安装也快。整个展馆用玻璃400吨，相当于当年英国玻璃总产量的1/3。展览馆有庞大宽敞的室内空间，有观看展品所需的充足的自然光线（当时人工照明只有煤气灯），能够在短时间内建成，然后拆除，到另一个地点重建。

人们可能要问，当时那么多欧洲建筑师，其中高手如云，为什么提不出类似帕克斯顿那种实际可行的建筑方案呢？这话说起来就长了。简要地讲，有两方面的原因：一，当时的正牌建筑师们对工业化带来的新材料、新结构、新技术还不了解，更不会将之运用于建筑之中；二，他们头脑中的传统建筑观念十分牢固，放不开手脚。对于水晶宫那样的东西，那班人看不上眼。正牌建筑师不会做，也不屑做那样的建筑。为难时刻，救场者帕克斯顿出场了。

帕克斯顿，农民出身，23岁起在一位公爵家做园丁，后来成为花园总管。英国的铁和玻璃产量增加后，用铁和玻璃建造透光率高的温室。帕克斯顿曾造过一个有折板形玻璃屋顶的温室。他是凭着这样的技术经验去筹

委会毛遂自荐的。

帕克斯顿与正牌建筑师在两个方面正好相反：一，他不熟悉正统建筑的老套路却掌握一些新的技术手段；二，他脑袋中没有固定的建筑艺术的框框，法无定法，敢出新招。

原来的水晶宫于1852年5月开始拆除，然后运到伦敦南郊重建。新馆用于展出、娱乐和招待活动，十分兴盛。曾两次发生火灾。第二次世界大战中，为避免成为德国飞机轰炸的目标，于1941年拆除。

水晶宫博览会没有中国展品。在开幕典礼上，有一名中国人随着各国外交官踽踽而行，走到女王面前行礼。后来传说，他是当时停泊在英国港口的一艘中国商船的船长。

中国人早年亲往水晶宫参观并有案可查的不多。只知道1868年（清同治七年）清朝官员张德彝等出使西洋各国，在伦敦期间，曾两次去新水晶宫参观。张德彝写的《欧美环游记》，写下了他对那座建筑物的观感。第一次在白天：

> 九月初八日壬午，晴。乘火轮车游"水晶宫"。……刻下修葺一新，更增无数奇巧珍玩，一片晶莹，精彩炫目，高华名贵，璀璨可观，四方之轮蹄不绝于门，洵大观也。

第二次在晚上：

> 十三日丁丑，晴。……往水晶宫看烟火……灯火烛天，以千万计。奇货堆积如云，游客往来如蚁，别开光明之界，恍游锦绣之城，洵大观也。[6]

1851年英国的这次博览会的正式名称很简单，就叫"大博览会"（The Great Exhibition）。张德彝曾把博览会称作"考产会"，又称"炫奇会"，译名相当传神。

伦敦水晶宫是英国工业革命的产物，突出显示了工业化生产对传统建筑业的一次冲击。水晶宫已不存在，但它的建造却是预示20世纪建筑大变身的一次历史性事件。

第11章
20世纪——建筑大变身

11.1 现代主义建筑大潮

19世纪末在西欧出现的新的建筑理念，到20世纪二三十年代，即第一次和第二次世界大战之间的动荡时期，影响急剧扩大。特别是当出现了德国建筑师格罗皮乌斯创办的"包豪斯"设计学校，出现了法国建筑师柯布西耶的著作《走向新建筑》，又出现了"萨伏伊别墅"和"巴塞罗那世博会德国馆"那样令人耳目一新的建筑作品，被称为"新建筑运动"或"现代建筑运动"的建筑创新潮流，声势扩大，并逐步传播到世界其他城市和地区，渐渐形成一股国际性的建筑潮流。

1928年，由格罗皮乌斯、柯布西耶等发起，来自欧洲8个国家的24名新派建筑师在瑞士集会，成立了一个建筑论坛——"国际现代建筑协会"（Congres International d'Architecture Moderne，简称CIAM）。协会的《目标宣言》写道：

> 我们强调建造活动是人类的一项基本活动，它与人类生活的演变与发展有密切的关系。我们的建筑只应该从今天的条件出发。
>
> 我们集会的意图是要将建筑置于现实的基础之上，置于经济和社会的基础之上……因此，建筑应该从缺乏创造性的学院派的影响之下和古老的法式传统下解脱出来。现代建筑观念将建筑同社会总的经济状况联系起来。

CIAM后来召开的几次会议的主题有："生存空间的最低标准"（1929年）；"居住标准与有效利用土地和资源问题"（1930年）；"功能城市"（1933年）；"居住与休闲"（1937年）。

1933年讨论"功能城市"问题的会议文件于十年后发表，会议指出：

今天，大多数城市处于完全混乱的状态，它们不能承担应有的职责，不能满足居民的生理和心理需求。

自机器时代以来，这种混乱状态表明私人的利益的扩张……。城市应该在精神和物质的层面上同时保证个体的自由和集体行为的利益。

城市形态的重组应该仅仅受人的尺度的指引。城市规划的要点在于四项功能：居住、工作、游憩和流通。

城市规划的基本核心是居住的细胞（一个住所），将它们组织成团，形成适当规模的居住单位。以居住单位为起点，制定居住区、工作区、游憩区的相互关系。

要解决这些严重的任务，合理的做法是利用现代技术进步这一资源。

该次会议是在雅典结束的，文件被称为城市规划的《雅典宪章》。该宪章后来受到很多质疑，引起争议，因此变得愈加有名。

从1928年到1937年，CIAM共召开五次会议。这个组织的成立表明建筑创新已形成国际潮流，与会建筑师从国计民生的角度审视当代建筑与城市存在的问题。表明这些新时代的建筑师对社会责任的自觉性，这是有历史进步意义的。第二次世界大战后，CIAM又召开过五次会议。1956年第10次会议上，柯布西耶有一封信给年轻一代，他写道："*朋友诸君，注意轮回！*"（Messieurs，Amis，attention au tournant!）

第十次会议后，CIAM停止活动。瑞士艺术史教授、学者吉迪恩（Sigfried Gedion，1893—1968年）自1928年至1956年自始至终担任CIAM的秘书长，1938年在美国哈佛大学任客座教授。1941年出版《空间·时间·建筑——一个新传统的成长》（Space，Time & Architecture – the growth of a new tradition）。[1]

从新建筑运动代表人物的言论与实践，以及CIAM宣示的理念可以看出，到两次世界大战之间的时期，一种偏于理性的、比较符合当时实际条件与需要的建筑思潮虽然散漫，却有鲜明的时代特色。它与当时西方各方面的现代主义意识形态，诸如现代主义哲学、现代主义文学、现代主义艺术相通、互相呼应，被称为"现代主义建筑思潮"，或"建筑中的现代主义"。

"现代主义建筑思潮"，或"建筑中的现代主义"的基本点是：

外观

内景

风格派建筑——施罗德住宅（1924年）

1. 强调建筑随时代发展而变化，现代建筑应该同工业时代的条件和特点相适应。

2. 强调建筑师要研究和解决建筑的实用功能需求和经济问题。

3. 主张在建筑设计中充分运用和发挥新材料、新结构的特性。

4. 主张摆脱历史上过时的建筑传统的束缚。

5. 主张创造新的建筑艺术风格。

今天看来这些观点很平常，但在80多年前，却是经过与建筑领域的保守观念长期论争后才为多数人接受。这与当年中国白话文与文言文之争颇为相似。

论争的焦点之一，在于对新的建筑艺术的看法。现代主义建筑代表人物提出了一些新的建筑艺术和建筑美学的原则与方法。

格罗皮乌斯说："美的观念随着思想和技术的进步而改变。谁要是以为自己发现了'永恒的美'，他就一定会陷于模仿和停滞不前。""我们不能再无尽无休地复古了。建筑不前进就会死亡。"[2]

他又指出："我们没有别的选择，只能接受机器在所有生产领域中的挑战，直到人们充分利用机器来为自己的生理需要服务。"[3]

密斯倡导简洁的建筑处理手法和纯净的形体，反对外加的繁琐装饰。1928年提出"少即是多"（Less is more，意即以少胜多，或以一当十）的名言。柯布则赞美基本几何形体，宣称"纯净的形体（pure form）是美的形体"。

20世纪20年代是破旧立新的时期，其情形与同时期中国发生的新文化运动相似。可以说20世纪20年代是现代建筑史上的"英雄时期"。

关于现代主义建筑，特别是20世纪20—30年代的现代建筑潮流，人们有种种不同的看法，仁者见仁，智者见智，而且时常出现激烈的论争，在"现代主义建筑"之名通行之前，这一建筑思潮与作品有过许多别的称号，诸如"功能主义"、"理性主义"、"客观主义"、"实用主义"、"国际式"……采用哪种名称与不同群体对它的态度有关。有的攻其一点或突出其一点，不及其余，有的仅看表面，不看其实质，等等。

对此，不可能也不必要求思想统一。这里只想谈谈我们现在的认识。

爱因斯坦天文台（1917—1921年）

有一种广为流传的看法，认为现代主义就是提倡方盒子式的建筑物。因为有一段时期，世界许多地方都出现了光光的方盒子似的房子，所以认为现代主义就等于提倡"国际式"、"方盒子"。方盒子单调，国际式千篇一律，所以有许多人不赞同现代主义，应该说这是片面的或表面的看法。

第二次世界大战之后，现代主义建筑出现了若干变种和支派，为了加以区别，有人在"现代主义建筑"之前加上"20年代"的字样，称之为"20年代现代主义建筑"，有的人则称之为"正统现代主义建筑"（orthodox modernism architecture）。

应该说明的是，建筑师讲话著文向来不严格、不科学，有很大的模糊性和随意性。现代主义建筑运动是建筑师的自发行为，没有统一的章程行规，不同人的观念、言论和做法很不一样。一个建筑师，在不同的时段也会有不同的言论，强调不同的侧面。

总之，建筑师，特别是大建筑家，不是科学家，不是工程师，不是律师，他们有艺术家的气质，又是自由职业者。许多人讲话行事不但不严密、不精确，而且往往爱讲些语不惊人誓不休的、具有轰动效应的口号和警句。例如，密斯讲过"我们不管形式"的话，其实他最讲究形式；又如柯布讲"住宅是居住的机器"，实际上他从未真的把住宅当机器来设计，只是在那一时段，他赞赏机器美学，故意把建筑弄得有点儿机械的模样而已。他不是机械工程师，他是艺术家。

我们在上面将20世纪20—30年代的现代主义建筑思潮的内容归纳为五个方面的主张，讲的是大的方面的共性，实际上它们的个性和差异点也是很大的。在密斯主持的1927年斯图加特住宅展览会上，比较集中地出现了方盒子式的住宅，但密斯在1929年巴塞罗那博览会上设计的德国馆，完全不是方盒子。

有一段时间，许多人把现代主义建筑称为"国际式建筑"，这是美国人给起的名字，反映一种简单的表面的看法。实际上，历史上从一个地区兴起的某种建筑体系和样式都可能传播到别的地方，可能形成一种建筑风尚，不同的是播散的地域有大有小，有远有近而已。这种现象自古皆然，没有什么奇怪的。历史上的古典建筑、哥特建筑、文艺复兴建筑，近代的古典主义建筑何尝不是当时的"国际式"。中国唐代建筑传入日本、韩国等地是东方的例子。

实际上，现代主义建筑和建筑师都不是铁板一块。现代建筑向其他地域扩散后，由于不同的自然和文化情况的影响，很快就带上了地区特色。现代建筑和历史上的建筑一样，都是既有国际性又有地区性，既有整一性又有多样性。

现代主义建筑和建筑师都不是铁板一块。

现在又有一种看法，即讥讽20世纪20年代现代主义建筑思想是乌托邦式的幻想。的确，20世纪20年代现代主义建筑的代表人物有一些想法没有实现。但是，像一切新生事物一样，早期现代主义建筑师的想法也有不成熟的甚至是空想性质的成分。现代主义建筑运动的参加者都是专业知识分子，他们在行的是技术和艺术的事情。对于复杂的社会、政治、经济，他们是不很熟悉的，看法可能是幼稚的。但是在20世纪20—30年代欧洲进步政治势力的影响下，在当时欧洲知识分子信仰偏左的气氛下，他们从自己的专业，即建筑和城市建设问题出发，接触和关心社会大众的住居问题，走出了历来约束建筑师的象牙之塔，想用自己的知识和技能，帮助解决和治理与自己专业有关的社会问题和社会矛盾，因而提出了一些理想主义的设想和方案，他们把建筑和城市问题看得简单了，因而不能实现是容易理解的。

作为后来人，我们应该怎样看待这班人呢？我们认为，可以吸取必要的经验教训，但不要苛求于前人，更不要因为他们当年的观点中包含空想社会主义的成分而奚落他们。相反，应该看到，这批建筑师是自古以来，历史上第一次走出象牙之塔，关心社会、经济问题，考虑人民大众利益的建筑师。我们要为他们那种以天下为己任的热心肠表示我们的敬意。

"现代主义建筑"，有时简称"现代建筑"，这两个名称时常被混用，细察起来其实存在差异，但已通行了，我们便随大流吧。

1937年，日本发动全面侵华战争。1938年德国吞并奥地利，1939年入侵波兰，第二次世界大战爆发，世界广大地区陷入战火之中，那些地方的建筑活动中断了。现代建筑活动的重心移到美国。

法格斯工厂，1911—1913年，格罗皮乌斯设计

11.2 "包豪斯"——20世纪设计革命的起点

在建筑师界和工艺美术界，人们时不时提起"包豪斯"。什么是"包豪斯"？"包豪斯"意味着什么？

德国建筑师格罗皮乌斯（Walter Gropius，1883—1969年）出生于柏林，在柏林和慕尼黑高等学校学习建筑。1919年，第一次世界大战刚刚结束不久，德国小城魏玛市组建了一所工艺美术学校，格罗皮乌斯为第一任校长。

格罗皮乌斯立意改革传统的工艺美术教育，抱着将新的美术潮流与生产结合的思想兴办那所新学校。他给新学校起了一个特别的名字："国立包豪斯"（Staatliches Bauhaus）。德文"Bau"指"建造、建设"；"haus"意思很多，可指"房屋，住房，家，家园"，又可指"企业，公司，商号"等。本书作者在德国市街曾见一处商店，招牌写着"BAUHAUS"，是售卖建筑材料、家装材料、五金工具等的商场。格氏为学校取名"包豪斯"，有"建设者之家"的意思，有意区别于学院式的教育机构。

包豪斯于1919年成立，1933年解散，只存在了14年。1919—1925在魏玛，是第一阶段；1925—1932年被迫迁至德绍，是第二阶段；最后一年搬到柏林，接着就遭到取缔。包豪斯的14年是曲折摸索的14年，是充满内忧外患的14年，是风雨飘摇的14年。

第一次世界大战于1918年结束。发动战争的德国惨败，德皇威廉倒台，战后初期德国一片混乱，各种势力激烈斗争，有的城市甚至建立过短暂的无产阶级政权。社会上各式各样的思潮激荡。原来经济发达的德国陷于严重的经济危机，通货膨胀达到天文数字。例如，1923年8月15日到9月30日，包豪斯举办展览，开幕时1美元折合200万马克，闭幕时1美元已折合16000万马克了。包豪斯得到的经费少得可怜。冬天到了，格罗皮乌斯得想办法找卡车去煤矿拉煤取暖。学生生活艰难。有学生回忆："我们很多人晚上都在一家工厂干活。在那里得干几个小时，一般是干到半夜，然后立刻拿到工钱。早上，面包房刚一开张，我们就冲进去买面包。到中午面包又是一个价了。"

开始阶段，教师不称教授，叫"master"，可译为"大师"。大师分两种，一种是教艺术设计的，称"形式大师"；另一种是各个作坊里的匠师，

全景

全景

车间外观

学生宿舍

车间墙面

包豪斯校舍（1927年）

称"作坊大师"。作坊有金工作坊、陶艺作坊、印刷作坊、雕刻作坊、玻璃作坊、壁画作坊等。理论上每一作坊各有一名形式大师和一名作坊大师，共同带学生。实际上，两种大师很少融合。包豪斯的学生既学艺术，又在作坊里学手艺。学生称"学徒"，高年级的叫"熟练工人"。

作坊大师是本行业的熟练匠师，有的带着自己的工具设备进入包豪斯。最特别而引人注目的是格氏聘请的那些"形式大师"。最先聘的全是当时有名的前卫艺术家，其中有康定斯基（俄国人，Wassily Kandinsky，1866—1944年）、保罗·克利（Paul Klee，1879—1940年）、莫霍利-纳吉（匈牙利人，Laszlo Moholy-Nagy，1895—1946年）、约翰·伊顿（瑞士人，Johannes Itten，1888—1967年）、汉纳斯·梅耶（Hannes Meyer，1889—1954年）等。在当时一般人看起来，这些人是走旁门左道、行为怪异的激烈分子。包豪斯不找学院派人士，正统人士也不屑与包豪斯为伍。原本想让"形式大师"与"作坊大师"平起平坐，共同培养学生，享有同等待遇，实际上行不通，到头来还是形式大师起主导作用，待遇也拉开了。

包豪斯的教学中最有创造性、对后来影响最大的是它的"初步课程"。最初教授这个课程的是瑞士人约翰·伊顿。

当时包豪斯的教师与学生中有各种宗教的信奉者。伊顿是位新潮画家，信仰拜火教，剃着光头，行事古怪，穿一件自己设计的黑色罩袍。他在学校里组织拜火教活动，有20多个学生跟他穿同样的袍子。他教学认真，学生先学上6个月的初步课程。伊顿要学生做不同的图形、颜色、材质、色调的平面和立体的组合练习，让学生描绘自然界的石头、草木等，目的不在逼真，而在磨练他们的视觉感受能力。要学生用直线和曲线对艺术作品作构图分析，用文字说明作品中各种用色的含义，等等。学生做练习前要拉伸身体，控制呼吸，进入沉思默想状态。课堂上不停地播放音乐。作业本身不是目的，而是启发学生抛开成见，培养他们独立自主地进行创造的能力。1922年末，伊顿离开包豪斯，到瑞士的一个拜火教开设的"生命学校"，在那里冥思静修去了。

画家保罗·克利也开构图课。克利专注思考形式问题，他说一切自然事物都源于某些基本的形式。他让学生们试用各种技巧、各种图形、颜色、形象。他上课时两只手拿着五颜六色的粉笔左右开弓，很快在黑板上画满各种图形。他要求学生大量练习绘图，他布置的第一个作业是练习绘制自然的叶子，观察叶脉具有怎样的表现力。

　　1922年，著名的俄国抽象派画家康定斯基的实验画派在俄国站不住，也来包豪斯任教。有人认为在艺术史上是康定斯基首创了非写实的构图组合。康氏的《论艺术的精神》是现代艺术的一个理论宣言。他给学生讲授色彩与图形的课程。他讲色彩有"色温"，有的令人有温暖感，有的觉得寒冷；讲色彩的"色调"，有的明亮，有的阴暗。他告诉学生每一种颜色具有不同的象征意义，"黄色是典型的世俗颜色"；"蓝色是典型的天堂颜色"；紫色是进取的，积极主动而不稳定，富于侵略性；蓝色是收敛的，谨守限制，羞涩而消极。黄色坚硬而锐利，蓝色柔软而顺从。黄色的"味道"刺激，蓝色让人如尝水果。黄色如乐器中的号，蓝色如管风琴。康氏说绿色把性格相反的黄色与蓝色混合在一起，所以创造了完美的均衡感与和谐感，它是消极的、稳固的、自我满足的。红色则是生气勃勃的、躁动的、强有力的。康定斯基讲图形，说点是最小的，不能再分割。决定点的本性的，还包括它与底面的相对尺度，一个比较大的点就变成了一个圆盘。点动起来就形成线。点在单一的规则的动力作用下，衍生出直线，受两个或多个动力的驱使，会衍生出折线或曲线。每一种线具有不同的特性，垂直线是温暖的，水平线是寒冷的。康氏发展出一套关于视觉语言的理论。

　　一名学生原先不赞同抽象画，他交给康氏的作业一片空白。交图的时候这名学生彬彬有礼地说："康定斯基大师，我终于画成了一幅绝对纯粹的画，里面绝对空无一物。"这名学生写道："康定斯基对我的画郑重其事地看待。他把画立在大家面前，说'这幅画的尺度是对的。你想画出世俗的感觉。世俗的感觉是红色。你为什么却选了白色呢？'我回答：'因为白色的平面代表空无一物。'康定斯基说：'空无一物就是极其丰富，上帝就是从空无一物中创造出世间万物。所以嘛，现在我们想要……从空无一物里创造出一个小小的天地。'康定斯基拿起画笔，在白的画纸上涂了一个红点、一个黄点和一个蓝点，在旁边涂了一片绿色的阴影。突然间一幅画出现了，这是一幅精妙的画。"

　　另一位教师莫霍利要学生接受新技术与新手段，理性地运用它们。原来学生在金工作坊制作枝状大烛台和茶炊，莫霍利要他们设计形状简洁而实用的电灯和茶具。不赞成学生用白银等贵重材料，要学生使用钢板。他要教育出一代新型设计师，让他们有能力为机器生产设计新的产品。在莫霍利的推动下，包豪斯推出的产品轮廓简洁、线条清晰，有功能化的新的外形。

一位包豪斯的学生约瑟夫·艾尔伯斯（Josef Albers，1888—1976年）结束学业后被留校任教师，名"青年大师"。艾尔伯斯专心研究材料的特性。有学生回忆说，艾尔伯斯第一天来上初步课，带来一堆报纸，告诉学生大家浪费不起材料，也浪费

包豪斯成员布劳耶设计的钢管椅子（1926年）

不起时间。他讲："要让形式达到经济的效果，用的材料首先得是经济的。你用料越少，获得可能越多。我们要形成建设性的思维。好吗？现在我要你们拿起报纸……，试试看，用它能做出点什么东西，用任何合理的方式来运用报纸，利用它固有的特性，超出现有的水平。……祝你们好运。"然后就离开教室。有一次布置的作业是用单张的纸做出可以伸缩的照相机上用的皮腔。

在包豪斯形成和积累起来的这些关于形式的教学内容与方法，是艺术教育中有开创意义的宝贵的成果。

包豪斯的办学方向在它的中后期渐渐发生变化。1923年，包豪斯在魏玛举办了一次展览会，展示学校的教学和制出的产品。格罗皮乌斯在会中发表题为《艺术与技术：一种新的统一》的演讲。他改变了原来的、含混不清的对手工艺的浪漫主义幻想，日益关注工业设计的概念，关注大规模生产物美价廉的产品的想法。

格罗皮乌斯本人以及包豪斯的方向的调整，与当时德国社会的状况有关。20世纪20年代中期，在德国文艺界，浪漫的表现主义消退，兴起了严谨的、冷静的、注重实际的新风尚。德国人给这种风尚起名为"Neue Sachlichkeit"，表达客观、务实、直接、平常等意思，中文译为"新客观性"。包豪斯也逐步转向这一路线。

我们已经知道包豪斯教师与教学方面的一些情形。学生方面如何呢？

包豪斯其实是一个规模很小的学校，前后注册的学生总人数不过1250

人。同时在校就读的学生人数，平均只有100人上下。不少人中途离去或被劝退。

早期入学的学生各式各样，差别很大。有的是从战场归来的成熟大汉，有人还带着炮弹震荡后遗症。有的是学过美术的青年孩子，有人已掌握一门手艺，有的是随着先前的老师一起来到包豪斯。女学生不少，很多女生来校目的是想学纺织。有一段时间，包豪斯自己不进行考试，作业由大师评议。学生能否从学徒升为熟练工人和成为师傅，由校外机构考核决定。学生在作坊中工作，材料由校方供给，作品归学校。作品如能售出，一部分收入给学生。学生们生活清苦，但多数人觉得快活好玩。

教师与学生的关系也特别。一名学生在信中描写1919年的圣诞节时说："节过得太美了，非常新颖。圣诞树，树上系着许多礼物。格罗皮乌斯讲故事。……然后大吃一顿，格罗皮乌斯给大家上菜，像是耶稣给门徒们洗脚。"这是学校早期的气氛。

但是包豪斯并不平静，教师和学生内部不时有分歧摩擦，最糟的是外部政治气候时时干扰学校，包豪斯当初能在魏玛办起来，是由于社会民主党掌权，后来右派势力增强，右派指斥包豪斯是左翼分子的巢穴。1923年法西斯势力怀疑格罗皮乌斯是左翼分子，搜查过他住的公寓。1924年州教育部通知格罗皮乌斯，只给原来经费的半数，半年后解聘所有教师，学校将关闭。这时，有几个城市愿意接受包豪斯。德绍距柏林较近，当时的市长是自由派人士，受社会民主党支持，他愿提供资金为包豪斯建造校舍。德绍人口7万（魏玛人口4万），位于煤矿区中心，有飞机制造和化学工业。

迁到德绍，作坊还有，但取消形式大师与作坊大师并立的双轨制，已留校的毕业生可以胜任两方面的工作。校名中加上"Hochschule fur Gestaltung"几个字，即成为"包豪斯设计学院"。教师改称"教授"。此外又成立一个包豪斯有限公司，为学校出售专利及设计方案，还出版了期刊和"包豪斯丛书"。

在相当长的时间，包豪斯并无建筑科。格罗皮乌斯认为学生有了设计和工艺方面的本领，就可以转而从事建筑任务。1927年，包豪斯终于设立了建筑系。

格罗皮乌斯为包豪斯设计的校舍不但对那所学校有重大价值，而且在现代建筑史上也是有里程碑意义的一个建筑作品。

包豪斯校舍总面积约1万平方米，含教学用房、学生宿舍、食堂兼礼堂、办公室和教员室等，小而全，紧凑合用。这座校舍在建筑设计方面把实用功能作为出发点，采用灵活的不对称布局与构图，运用建筑本身各种元素取得简洁清新并富有动态的建筑艺术效果。

按当时的货币计算，包豪斯每立方英尺体积的造价约0.2美元，这是非常低的造价，工期也只有一年多一点。可以说是一个多、快、好、省的建筑。

其时德国的右派势力在上升。希特勒的纳粹党日益嚣张。它们视包豪斯为异端，指它是共产主义的据点。1928年初，格罗皮乌斯决定辞职，由汉纳斯·梅耶（1889—1954年）继任。1930年，包豪斯的学生在狂欢节聚餐时高唱俄国革命歌曲。德绍市长决定撤换校长，由密斯·凡·德·罗接任校长。

形势日益险恶，1932年9月30日纳粹进入学校，捣毁一切可以捣毁的东西，本来要把学舍拆除，但因国际人士抗议而住手。

密斯再次努力，在柏林郊区租一个停工的工厂办学，改为教学用房，靠学生交的学费维持。没有多久，希特勒上台。纳粹法西斯全力打击现代主义文学艺术，他们宣称包豪斯是"犹太马克思主义艺术最显眼的据点。那里的东西比所有种类的艺术都低劣得多，完全是病态"。1933年4月11日，警察开着卡车来查封柏林郊区的包豪斯，把学生带走。

以上包豪斯当年的许多情况采自英国学者弗兰克·惠特福德（Frank Whitford）对包豪斯进行专门研究后出版的专著《包豪斯》。[4]

希特勒敌视包豪斯，反而使包豪斯声名大振，举世闻名。学校被查封后，许多师生离开德国。格罗皮乌斯先去了英国，1937年，他54岁时受美国哈佛大学之聘，任该校建筑系主任；同年密斯到芝加哥任伊利诺伊工学院建筑系主任，等等。他们把包豪斯的理念带到世界各地。曾在包豪斯任基础课的教师陆续把他们的教案、资料和学生作业整理出版。于是，在20世纪中期，世界各地的建筑教育和工艺美术教育受包豪斯教学理念的影响都出现了程度不同的改革。

11.3 美国建筑文化的嬗变

美国经济发达，技术先进，思想自由，许多发明创新出在美国，然而在建筑思想和风格创新方面，却落在欧洲之后。在20世纪前期，在建筑创新方面，除了一位赖特，其他就乏善可陈。而现代主义建筑全是出自欧洲，1928年CIAM成立时，与会者全是欧洲建筑师，没有一个美国人。欧洲国家中最突出的是德国，格罗皮乌斯和密斯是德国人，包豪斯和斯图加特住宅展（1927年）也在德国。美国的情形有别于西欧，原因是什么？

论工业化程度、经济水平，以及科学技术，美国不亚于欧洲，在不少方面还是领先的。显然，原因不在物质方面，而在于社会文化、思想观念方面。我们拿德国和美国在20世纪20—30年代，即两次世界大战之间那个时段的状况做些比较。

先说德国。

第一次世界大战前的德国，工业发达，科学、文化、教育水平很高，社会秩序井然，社会生活以刻板沉闷著称。威廉二世皇帝曾经宣布，不管哪种艺术，只要违背他的规定，超出他划定的界限，就不是艺术。人们认为那时的德国是一个非常无聊的国家。

但是第一次世界大战之后，德国变了样。发动战争的德国战败投降。威廉二世逃往荷兰。德国沸腾了，人心思变。各种政治力量斗争的结果，成立了社会民主党掌权的魏玛共和国。从1919年到1933年希特勒上台为止，魏玛共和国存在了14年。

魏玛共和国时期政治上比较自由，政府对新思潮、新流派比较开放，至少不去制止。这样，在这个战败国里，虽然经济困难，但思想比战胜国活跃得多。不同的派别争论激烈，大胆探索，放手试验。从跳舞到哲学，方方面面，都有反传统举动。有报道说，"1918年之后，德国兴起跳舞热，各种舞姿竞相媲美；美舞（裸体舞）、查尔斯顿舞、身体颠动的孤步舞、探戈舞等风靡一时。灯笼裤、群众性旅游、大型商店、石膏印取的死者面型、流行歌曲、神秘术、裸体主义、广播、电视、延长了的周末、歹徒胡作非为、贿赂丑闻，等等。要把20年代所有这些多棱角的东西统一起来是不可能的。""魏玛时期的德国，不管人们怎样评判它，决不是个无聊的国家。"

当时，"德国知识界的某些阶层比法国、英国或美国的同辈们更摇摆不定，因此更容易接受新的影响，他们在与传统决裂时表现得更激进，他们要求实验的心情更急切。""在德国的社会生活中，魏玛时期是最紧张、最富有戏剧性的时期之一，它拥有宝贵的精神财富，它的文化生活丰富多彩。德意志帝国的崩溃和魏玛共和国的建立为欧洲现代文化的发展开了绿灯。各种思潮、各种艺术流派竞相登台表演，构成魏玛共和国特有的文化场景，魏玛时期是个实验的时期，是个不安的时期，是充满尖锐斗争的时期，是人才济济的时期，是易受外来影响，同时对外国又有巨大反作用的时期。柏林取代巴黎成了欧洲的文化中心。"以上这些材料见于一本关于德国文化史的译著[5]，文字不多，但已可帮助我们了解20世纪20年代德国的社会文化心理和当时的生活脉搏。包豪斯正是在这样的环境中存在了14年。

魏玛共和国时期社会民主党政府的住房建设政策对新建筑也起了作用。1925年以后，德国战后的经济困难开始缓解，政府以社会保险费和财产税补贴低造价的国民住宅建设。从1927年到1931年，共建这类住宅100万户，占同时期德国住宅建筑总量的70%。格罗皮乌斯、恩斯特·梅等新派建筑师投身于这项建筑事业，他们的理想有了实现的机会。希特勒上台前特定的德国政治状况发挥了一定的作用。

再看美国。

1890年，美国工业跃居世界第一位。到1913年，美国的工业产品总量比英、德、法、日四国工业品的总和还多。美国的新型建筑、新材料、新结构、新设备发展速度比别的地方都更快。不过，虽然物质水平很高，可是建筑艺术创作，除少数例外，总的是保守的。在这个年轻的、物质水平很高的新国度，传统建筑艺术长久兴盛。19世纪末期出现的芝加哥学派，不过十年光景，就被保守的建筑潮流吞没了。1922年，芝加哥论坛报社要建一座"具有永恒美"的大厦，为此举办建筑设计竞赛。当时正在"包豪斯"办学的格罗皮乌斯从德国送去一个建筑方案。那时美国人倾心于古色古香的建筑方案。格氏的设计方案显露结构框架、极少装饰，美国人根本看不上眼。当时一位美国建筑教授评论格罗皮乌斯的方案，说它"刺痛美国人的眼睛"。[6] 芝加哥论坛报社建成的是一座仿哥特教堂样式的大楼。当时，美国人把欧洲出现的外形简洁的建筑讥之为"裸体建筑"（naked architecture）。可以说，到了20世纪20年代，美国占主流地位的建筑艺术观念与19世纪中期英国拉斯金的相差不远。

怎会这样呢？

问题不在物质方面，只是因为这时的美国还没出现适合现代主义建筑的社会文化条件。

美国的文化保守心理存在很久，也很普遍，它表现在许多方面。19世纪末，恩格斯注意到了美国的这种情况。他于1892年写给美国工人运动活动家左尔格的一封信中对此作了分析。恩格斯写道："在这里，在这个古老的欧洲，比你们那个还没有能摆脱少年时代的年轻的国家，倒是更活跃一些。……这是令人奇怪的，虽然这些也是十分自然的。……他们现在主要的是要为未来进行准备；而这一工作正如在每一个年轻的国家那样，首先是物质方面的，它会造成人们思想上某种程度的落后，使人们留恋同新民族的形成相联系的传统。……只有发生重大事变，才能有所帮助……"[7]

恩格斯的这些话是针对当时美国工人运动状况写的，但是"思想上某种程度的落后和留恋同新民族的形成相联系的传统"的情况在美国的建筑文化中也表现出来了。在建筑样式和艺术方面，美国从殖民地时代就跟在欧洲宗主国的后面大搞仿古建筑。只要看一看1914年开工，1922年落成的华盛顿林肯纪念堂的仿古代希腊的建筑造型，就明白美国建筑的仿古劲头是多么强劲和持久了。"只有发生重大事变，才能有所帮助！"

第一次世界大战德国战败，帝国崩溃，社会大动荡，这是德国人遇到的重大事变，因而德国的社会文化心理发生了重大改变。但是对于美国人的社会文化心理，第一次世界大战不起什么作用。美国是战胜国，它在大战中又发了财，事情顺顺利利，一切都那么美满，有什么可变革的！建筑艺术的老路挺好，何须创新！1922年芝加哥论坛报大楼选用仿哥特样式就是这种社会心理的产物。

然而"重大事变"不久就临头了。

1929年美国爆发空前严重的经济危机，称"大萧条"。这次危机破坏力大且持续时间长，经济停滞一直拖到1939年第二次世界大战爆发。为度过难关，总统罗斯福推行同传统的自由主义政治哲学相反的计划经济政策，这就是1933—1939年期间推行的"新政"。危机期间，大批知识分子也遭受失业的厄运，为救济失业知识分子，罗斯福推行"新政文化计划"。1934—1943年期间联邦财政部内竟设立了"绘画雕塑局"，它的任务是救济贫困的艺术家。这真是美国人先前不可想象的事。新政推行之初，美国最高法院以"新政"具有社会主义倾向而宣布其为违宪，但大难临头，还是承认它合法了。空前的经济危机和新政把美国人震出了常轨，社会心理发生了变化。

美国学者R·佩尔斯在所著《激进理想与美国之梦——大萧条中的文化和社会思想》[8] 中提到当时美国的权威杂志《民族》指出，美国面临的是"1861年以来最危急的局势。……这个国家面临它在和平时期中经历过的最严重的危机。"国家生活正处于低潮。由于老办法显然都已失效，《民族》杂志编者恳请富兰克林·罗斯福总统"起用新的领导人物，试行新办法，走前人未走过的道路"。杂志编者认为大萧条给美国知识分子"提供了一个对社会哲学和价值准则进行试验的机会，这些哲学和准则在很多方面与这个国家以前接受的东西背道而驰。……这个国家刻不容缓地需要新的文艺、新的电影和剧本以便促进这些变革的实现。"这样的社会文化背景提供了美国建筑从传统轨道转上现代建筑之路所需的变革精神。美国人的建筑观念渐渐出现变化。

1950年，耶鲁大学建筑学院出版的刊物《展望》（RERSPECTA）创刊号上，刊有H·里德（Henry Reed）回顾新政时期美国建筑风尚转变情形的文章。其中说道："新政给富裕文化以严重打击。危机时期的供应条件使建造宏伟纪念性建筑的企图成为泡影"。又说："其实，新政是那十年当中艺术的最大保护者。但其出发点决不是追求壮观、仪礼性；也不是为了表现国家威望和民主制度的伟大。国家向饥饿的艺术家伸出仁爱慈善之手，可它并非大手大脚的保护人。因此，很容易理解这个时候美国的建筑师和规划师能够接受从大西洋彼岸产生的一种新的建筑风格。那种建筑风格摒除浪费，专注功能，那种建筑思潮宣扬技术时代的一种提法：住宅是居住的机器。"[9]

"大萧条"时期，民间几乎不盖房子，政府为了解决失业问题，出资建造一些低造价的住宅。资金紧巴巴的，非注重功能不可，非讲节约不可。美国建筑师中也兴起所谓"新实在精神"（new objectivity）。建筑观念和建筑艺术思想有了变化。1922年美国人对格罗皮乌斯送交的芝加哥论坛报大楼设计方案不屑一顾，有位建筑教授还撰文说格罗皮乌斯的方案"刺痛美国人的眼睛"。而经济危机来了，1932年纽约现代美术馆举办展览介绍欧洲新建筑，格罗皮乌斯在美国人的心目中被视为先驱，声誉大振。希特勒上台后，美国人还礼聘格氏到哈佛大学任教，让他为美国培养新一代建筑师。

芝加哥论坛报大楼采用仿哥特风格，十年后，在经济危机中建成的纽约洛克菲勒中心可就同所谓的"裸体建筑"相差无几了。经济大萧条改变了美国的社会文化心理，也转变了美国人的建筑观念。

接着第二次世界大战来临。

法西斯头子希特勒偏爱仿古建筑，敌视包豪斯，赶走格罗皮乌斯和密斯。法西斯德国拒斥现代主义建筑，标榜民主、自由、进步的美国自应提携现代主义建筑。现代主义建筑是学术和艺术方面的事情，但由于第二次世界大战，它与政治上的进步和反动挂上了钩。

第二次世界大战以法西斯阵营战败，自由民主阵营战胜告终。这时建造在纽约的联合国总部大厦，很自然地采用了光光溜溜的现代主义建筑式样。有的政治家即使不喜欢那种形象，也不便公然反对。打败法西斯德国后，怎能把联合国组织的建筑做成希特勒喜爱的仿古风格呢！也不能把联合国总部搞得与颟顸无能的前国际联盟总部相似！这是当时战胜国的社会心理所不能容许的。

可以说，1929年的经济大萧条和第二次世界大战是两项真正的"重大事变"，它们推动美国社会文化心理的转变，间接地也为现代主义建筑传入美国提供了思想的土壤。

第二次大战后的一段时期，欧洲忙于恢复战争创伤。美国"风景这边独好"，是全球唯一繁荣富裕的国家。由格罗皮乌斯、密斯等为美国培养的具有现代主义建筑素养的新一代建筑师，登上建筑舞台，大显身

纽约联合国总部大厦——秘书处大楼

安理会会场

大会堂门厅

大会堂内景

联合国总部大厦内景

手。20世纪50—60年代，美国反而成了世界现代主义建筑的中心。

长期追随密斯的美国建筑师P·约翰逊，于1955年宣称"现代建筑一年比一年更优美，我们建筑的黄金时代刚刚开始。"他对现代主义建筑在美国的兴盛抱有乐观和自豪的心情。

社会心理学家说，时尚流行有三个特征：一、从众原则；二、新奇原则；三、奢侈原则。[10] 按照这三条，以纽约联合国总部大厦为代表的平头、光身、亮晶晶的幕墙大厦风行起来。首先是在美国，然后波及全世界的通都大邑。

现在许多年轻的建筑学生不喜欢那光光秃秃的现代主义风格的建筑了。他们说那样的建筑冷冰冰、缺乏人情味，想不通建筑师竟会设计出那号建筑来。的确，若不联系到当时的历史，不联系那个时候那些地方的社会文化心理，许多建筑现象便难以解释、难以理解。建筑也有时尚问题。要知道当年全玻璃的纽约利华大厦建成之时，群众喜爱备至，服装模特在它前面照相，建筑学生猛去参观，那个大厦当时领导世界新潮流，风光极了。20世纪50—60年代没有人说它冰冷无人性，只是叫好，这是当时的社会心理的反映。

11.4 "厚、重、稳、实"变为"轻、光、透、薄"

1851年伦敦水晶宫和1889年的巴黎埃菲尔铁塔，以及19世纪末期芝加哥出现的高层建筑，都是采用铁结构才建造起来的。稍后性能更好的钢取代了铁，成为高层和大跨度建筑的主要结构材料。因为钢材有很高的抗拉强度，很好的塑性和韧性，钢结构在受外力破坏作用时能吸收较多的能量，减小脆性破坏的危险。钢材又有良好的加工性能，可以焊接，或用铆钉、螺栓连接。不过有一段时间，一些国家和地区，更多地采用钢筋混凝土建造房屋结构。钢筋混凝土是在水泥、石子及砂配成的混凝土中加放钢筋而成，造价比单用钢材便宜。

20世纪50—60年代，建筑钢材有了新的进步，加上计算机的运用，各种钢结构体系日益成熟，钢结构建筑的设计、加工和安装走向一体化，缩短工期，降低了成本，钢结构的综合优势更加明显。与此同时，建筑玻璃的性能也不断改进，有了钢化玻璃、中空玻璃、涂膜玻璃等新品种，更符合各种建筑上的要求。

以钢材为主的金属材料和玻璃两类工业制备的材料，是今天建筑中性能优良、得到广泛采用、并具有强烈时代特色的建筑材料。在当今各色各样的建筑形象中，采用金属和玻璃作外墙的幕墙大楼，以其鲜明的时代感尤为抢眼。

人们把用玻璃和金属材料做的外墙称作"幕墙"，这名称是从英语"curtain wall"翻译来的。"curtain"指帘幕，意思是这种外墙轻而薄，像窗帘幕布一样，它们不承受其他重量。早先高层建筑的外墙看来是砖或石质的，好似承重墙，其实虚有其表，只是在外表贴一层薄薄的砖面或石片，这种外墙也是挂靠在主体结构上边，本身也不承重。从不承重这一点来说，有砖、石表层的也属于幕墙，不过比较厚重。第二次世界大战后出现的金属与玻璃的幕墙为轻型幕墙，重量只有传统砖墙的十分之一到十二分之一，因而能降低房屋主体结构和基础的造价。

幕墙有全玻璃幕墙、玻璃加金属板幕墙、玻璃加混凝土板幕墙、玻璃加石板幕墙，等等。幕墙部件在工厂中预制，运到现场安装，工业化程度高，施工速度快。幕墙建筑的视觉特征是轻盈、光亮、虚透、明朗、整洁、统一，全玻璃幕墙建筑尤其如此。幕墙用的玻璃和金属材料颜色多种多样，常见的有银色、蓝色、绿色、茶色、金色、灰色，等等。其中，每个颜色大类又可细分为许多种，蓝色有深蓝、浅蓝、银蓝、宝石蓝，等等。铝板、钢板也有不同颜色和质地。

轻、光、透、薄的幕墙大楼最先出现在美国大城市的商业区中。

1952年，生产洗涤用品的利华兄弟公司在纽约曼哈顿区花园大道旁，建成一座24层的公司总部。这样高度的建筑物在纽约太普通了，然而它却引起小轰动。因为施工用的脚手架一撤去，人们头一次看到四面外墙全是玻璃，通体晶莹透亮的大厦。一时间，参观者纷至沓来，旅游者、摄影师和时装模特都以它为拍照背景。

新颖的建筑形象引人注目，干净光亮的玻璃大楼又容易让人联想到利华洗涤产品的功效，它起了广告宣传的作用，公司经理后来说："好的建筑设计可以代替霓虹灯广告。"

不久，匹兹堡市的美国铝公司在该市建造了一座30层的总部大楼。大楼的外墙皮全部是铝板，楼内的顶棚、家具、散热器、各种管道都是铝质的，总之，凡是可以用铝材的地方绝不采用别的材料。铝板幕墙确实轻，每平方米重190多公斤，而普通24厘米厚的砖墙，其重量为每平方米468公斤。美国铝公司大楼于1953年落成。这年年底，美国又出现52座采用铝材外墙的建筑物，到1960年，采用铝材外墙板的建筑物超过1000幢，大多选用这家美国铝公司的产品。

芝加哥内地钢铁公司（Inland Steel Co.）自19世纪末就为建筑业提供钢材。1956年，公司决定为自己建造一座新的总部大楼，公司董事长宣称**"我们决心建造一座让钢铁和我们这个城市感到骄傲的建筑物。"**他要求建筑设计者SOM建筑设计公司把大楼搞得像"英国裁制的最考究的服装"。这件服装的材料是不锈钢。1958年大楼落成，楼本身就是内地钢铁公司的产品展销台。

1958年，纽约大通曼哈顿银行在华尔街附近建成一座地上60层、地下5层的银行大楼。大楼的形体像一块方板子，宽105米，厚35米，高248米，从下到上，每一层尺寸完全一样，楼层面积都是2750平方米，总建筑面积达11万多平方米。地下最深处是银行金库，位于地下27米处的岩层中，面积有足球场那样大，被认为是世界上最大、最深和最坚固的金库。而这个超大型银行建筑被称为"金钱大教堂"。它采用铝和玻璃的幕墙。

对美国和世界其他地方的高层建筑，从外墙的质料即可大致判断它是二战前还是二战后建造的，凡有金属与玻璃幕墙者，大概即是战后产物。二战之后，建筑"变脸"了。

在建筑师手中，轻质幕墙有许多不同的处理方式。拿全玻璃幕墙来说就有明框、隐框和半隐框之分。建筑师在设计时可以按照自己和业主的喜好，选择不同的做法和细部处理。纽约花园大道边上的西格拉姆大厦是一家大酿酒企业的总部，当年老板的女儿学建筑专业，她让父亲请密斯担任设计工作。密斯没有用通常的金属材料，而是选用了铜。它外墙上的金属件是用铜造的，这些铜件并不起结构作用，真正吃力的钢柱藏在后面，所以这座大厦上用的铜件其实主要起装饰作用，它给人与众不同的高贵庄重、古色古香的印象。大厦是个简单的方柱体，38层，高158米，直上直下，整齐划一，但细部处理十分细致考究。有评论家说西格拉姆大厦相当于汽车中的劳斯莱斯牌汽车（指其高贵典雅的风格）。

西格拉姆大厦建成后以其既现代又具古典风貌的特质引起广泛的注

意。有趣的是密斯虽然名气大，但未上过大学，他在纽约承接西格拉姆大厦的建筑任务时，主管部门要他出示建筑学毕业证书，他拿不出来，好在这时密斯已是芝加哥一所大学的建筑系主任，遂得过关。

在建筑审美方面，人们的喜好既有许多差异又是会改变的。20世纪50年代至70年代盛行的全玻璃的"全虚"的幕墙建筑到后来渐渐减少，兴起了结合的墙面。所谓虚实结合，指的是一幢建筑物上既有玻璃幕墙部分又有用铝板或石材板的幕墙部

纽约西格拉姆大厦（1954—1958年）

分，前者"虚"，后者"实"，两者互相搭接，一幢建筑上有虚有实，有轻有重，造型更多变化。有人把既有玻璃又有石板的幕墙建筑形象地称为"衬衫加背心"的建筑。玻璃幕墙上无法仿效传统建筑的线脚与花饰，它带来的是全新的形象；石板幕墙则可以多少加上些传统石质建筑的文饰。所以"衬衫加背心"的建筑除了虚实结合外，还可以处理成新旧结合的模样。

20世纪中后期，世界各大城市的中心区都建造了许多轻质幕墙高层建筑物。50—60年代，世界各地轻质幕墙大楼的外形有显著的相似之处。它们大都是轮廓整齐的简单几何形体，或板式或方墩式；立面上，除了底层和顶层外，几乎全是上下左右整齐一律的几何图案。尽管颜色和细部存在差别，但大的风格是一致的。这是那个时期高层建筑的世界时尚。时尚有暂时性，时隔20—30年之后人们常常批判那种形体简单的平头建筑物，说它们呆板、冷冰冰、没有个性、缺少人性，等等，因而是不美的、难看

的建筑。可是当它们流行的时候，人们大都认为它们是合理的、新颖的，因而是美的、好看的建筑。在当时，如果哪一座轻质幕墙大楼不肯要平屋顶，硬要在上面加一个尖塔或尖顶，它就会被许多人视为顽固、不合理而被认为是时代的落伍者。一种时尚流行的时候，公众心理上有从众性，这是难以避免的。

这样的高层建筑的造型时尚流行开来是多种多样的原因促成的，但密斯在其中起了很大作用，这种简洁方正的大楼风格被人们称作"密斯式"不是没有根据的。

今天，大企业、大公司、大银行的大楼，其重要性与历史上的宫殿、庙宇、教堂相当；那些高楼大厦的建艺风格是现代建筑艺术风格的重要一端。那些轻、光、透、薄、熠熠生辉的装配式幕墙大厦表现了工业革命以来经济和技术的成就，它们传达的是工业化的信号。那些建筑可说是工业时代的建筑符号。

第12章

现代建筑——有意味的抽象形式

12.1　贝尔的艺术论

1913年，英国艺术评论家克莱夫·贝尔（Clive Bell，1881—1964年）发表美学专著《艺术》。[1] 这本书篇幅不大，影响不小。

贝尔在书中提出，艺术的本质属性是"有意味的形式"。贝尔认为："线条、色彩以某种特殊方式组成某种形式或形式间的关系，激起我们的审美感情。这种线、色的关系和组合，这些审美的感人的形式，我称之为有意味的形式。'有意味的形式'就是一切视觉艺术的共同性质。"[2] "形式"指艺术品内各个部分和质素构成的一种关系，"意味"指一种特殊的、不可名状的审美感情，贝尔说激起这种审美感情的，只能是由作品的线条和色彩以某种特定方式排列组合成的关系或形式。

贝尔认为"艺术作品最重要的是形式，而形式只要有意味就行，作品中有无再现性成分不但不重要，而且，再现反而有害。"

贝尔书中"有意味的形式"的原文是"the significant form"。两种中译本都译为"意味"。"意味"这个词含义宽泛、含糊，与抽象艺术的效果近似，符合贝尔的原义。贝尔推崇抽象艺术。他是为当时新兴的抽象艺术提供理论支持，为那种艺术风格辩解护航。

《艺术》首次出版时，贝尔32岁。1948年他在该书新版序言中自承，早年的著作中有"夸张、幼稚的简化和偏颇"的地方。

12.2　西方绘画的再现与抽象，中国画之写意

在西方艺术史上，大部分时期都重模仿。古希腊时期，亚里士多德倡导模仿理论，在此后的漫长时期中，在造型艺术方面，追求形象和背景环境的再现，追求视觉上的惟妙惟肖，是西方绘画雕塑的主要追求。

欧洲绘画在近代的演变：从写实走向抽象

　　到近代，特别在20世纪，西方许多艺术家摒弃现实形象，作品中的人和物剧烈变形，抽象、模糊，看不出是什么东西。极端的抽象画只有点、线、面、体和色块的组合。"有意味的形式"的提法出现后，迅即受到西方美术家的重视，成为美术界的流行语。

　　严格地说，贝尔提倡和赞扬的其实是"有意味的抽象形式"。抽象的，即非再现的造型并不是现代才出现的。考古发现人类很早就采用抽象的形式。

　　工具和武器的形式多是几何形体。因为工具和武器的形式基本上由使用功能决定，要有利于而不是妨碍使用。除了部分附加的装饰，有使用功能的器物的主体不需要也不应该模仿其他事物。

　　所以，从古至今，实用器物的造型大都采用非再现性的形式。刀是刀，枪是枪，马车是马车，轿子是轿子。汽车不是骡马形象的再现，电脑也不做成人脑的模样。可以说，自人类文明之初，直到今日，再现和非再现的形式都同时并用，同时存在。

在艺术领域，写实和抽象都在发展。不过，不同时间偏重不同，欧洲美术长期尚形，重再现，重理性，讲求逼真。19世纪初，一幅拿破仑加冕仪式的油画清晰到这个程度：观者可以认出每一个画中人谁是谁。

中国不一样。拿绘画来看，中国绘画尚意，讲"以神统形"，重表现，重情感。苏轼说"论画以形似，见与儿童邻"。元代倪瓒作画"逸笔草草"，说自己"不求形似"。

中国书法不摹写其他事物，以点、横、竖、撇、捺、折、挑、钩等形状不一、变化丰富的抽象构图传达出气势和神韵。中国书法作品中的汉字不仅仅是符号，而且成为一个个有生气的生命单位，具有高妙的审美价值。

毕加索曾说，他要是生在中国，一定成为一名书法家。

汽车就是汽车，茶壶就是茶壶，它的形体不再现世间其他事物，它们的形式是独特的，不叙事，无情节，不能用"形似"、"逼真"来评价，在这个意义上，它们的形式是"抽象的"。但是，人们对汽车的造型和光货型紫砂壶的形体非常关注，设计师们非常下功夫，人们对合乎己意的车形和壶形非常珍爱，收藏家出高价收购名车、名壶。

名车和名壶的形体由非再现性的线、图形、形体、色彩、质素等组成，没有确切的"意义-内容"。对于实用品的非再现性的造型，主体只会产生好看、难看、简洁、繁琐、漂亮、庄重、古典、前卫之类宽泛、含糊、笼统的审美感受，感受到的是某种的"意味"。"意味"不是黑格尔说的"理念"，"理念"偏于理性，明确清晰；"意味"模糊朦胧，偏于感性。

20世纪初，贝尔的"艺术是有意味的形式"的命题，是针对现代派抽象艺术提出来的，其实，非再现的、非写实的，抽象的形式和形象，远古就有，历史悠久，并不是近代才出现。所以，事实上，"有意味的形式"的概念其实有更久远的历史和更广阔的适用范围。

需要说明的是，具象形态与抽象形态间并没有不可逾越的鸿沟。表达总是包含一种抽象。旧石器时代洞穴壁画的动物形象何尝不是一种抽象？因为轮廓线本身就是抽象的产物。由原型提炼的形态，都是抽象的，只是抽象程度不同而已。所以，有些抽象的形态虽非某一具体物的形象，却能令人会意或联想到某种其他事物，反过来看，某些抽象形态既是从自然形态中提炼出来的，便可能包含一定的内容。

12.3 意味来自何处

关键是："意味"从哪里来?

贝尔回答说:"是隐藏在事物表象后面的并赋予事物以不同意味的某种东西,这种东西就是终极实在本身。"[3]

他先说事物表象后面隐藏着"某种东西",作品的"意味"便是这"东西"赋予的,表明"意味"来自作品。"某种东西"是什么,贝尔说是"终极实在本身"。谁的"实在"?谁的"终极"?贝尔没有说明。

贝尔的解答空洞,实系搪塞。

无怪贝尔的理论提出后,一位美国教授指出,贝尔时而用形式来解释意味,时而又用意味解说形式,陷于循环论证。

我们的看法:抽象形式可能引出意味,但原因和机制与贝尔的说辞无关。

"有意味的形式"中的"形式"指作品和物体的形式,是客体;"意味"是人的一种感受,只有人才能感觉到,属主体。当一件作品或物体的"形式"与某个人自己的审美观和情趣合拍契合,这人才会觉得该"形式"有"意味"。

人们不应也不可能把主体与客体的事物混为一谈。

意味不是天生自在的客观之物,意味离不开人的审美活动,同一形式在不同人面前生成不同的意味,并非对所有人都一样。一个形式有无意味,有怎样的意味,一方面与形式本身的感性特点有关,另一方面又与人的审美意趣有关。

在美术展览会中,常见这样的景象:对于某件作品,有人一看再看,因为他觉得该作品合乎他的审美情趣,含有他喜欢的"意味"。另一观者过来,在同一作品前看了一下随即走开。多半因为那件作品的形式,与他的审美意趣不合拍,觉得那件作品没有他爱好的"意味"。

形式与意味的关系不是先验的,不是固定的,不是外在于人的,意味因人而异,因时而异,不能看死了。

柳宗元说:"夫美不自美,因人而彰。""因人而彰"就会"因人而异"。一个"形式"是否有"意味",也非固定的,也是"因人而彰"、"因人而异"。

12.4 客体培育主体

再现与写实的艺术风格主要见于绘画、雕塑等"纯艺术"即"美的艺术"(pure art,fine art)门类。非写实的抽象形式主要见于器皿、餐具、服装、鞋帽、家具、马车、汽车、冰箱、钟表等实用工艺品领域。实用工艺品的造型必须服务于主要的使用功能,除少数例外,不宜也不必模仿和再现别的事物的形状。公园中的垃圾桶做成张口吞脏物的熊猫,好看吗?汽车就是汽车,茶壶就是茶壶。车和壶的形体由线、图形、形体、色彩、质素等组成,虽然看不出明确的意义和内容,却能引发许多人的审美感受,有特殊的审美价值。

人们在挑选实用性的人造器物,如汽车、服装、鞋帽、冰箱、手机、沙发、餐具、箱包的时候,当然注重器物的使用功能、耐久性、性价比,等等,但同时也注重这些器物的造型,看它们是否具有"有意味的形式",即是否有合乎自己心意的形式和造型。那些器物不必也无须模仿或再现别的事物的形状,不模仿他物让创作者有更大更自由的创作空间。

培养了对抽象形式的形式感,就会从中筛选出"形式美感"。通常所说的"形式美"离不开有"形式美感"的人,亦即"美不自美,因人而彰"。

抽象艺术或表现艺术的核心是具有"形式美"的形式,才可能成为"有意味的形式"。因此,"有意味的形式"标示着非再现艺术的作品达到一定的水平或高度,不是任何抽象的作品都能达到"有意味的形式"的水准。反之,达到具有"有意味的形式"的抽象艺术作品,才会具有一定的表现力和感染力。一般人随便写的字没有表现力和感染力,书法名家的书法作品才可能达到"有意味的形式"的水平。

汉字起始有一定的图案性,后来基本是抽象的符号。汉字以点、横、竖、撇、捺、折、挑、钩等形状不一的笔画,加之粗细、方圆、浓淡、枯润、肥瘦、轻重、藏露、大小、刚柔、疾涩等不同体态风格的变化,使中国书法具有抽象的造型性和表现性。汉字书法的一个点,可以令人联想到"高峰坠石",带一个回转又轻灵如蝌蚪摆尾,一竖笔似青松耸立,又如翠竹挺拔。中国书法非写实的形象却能传达出事物的气势和神韵。唐代韩愈谈到张旭的书法时说:"旭善草书,不治他技,喜怒窘穷,忧悲愉佚,怨恨思慕,酣醉无聊,不平有动于心,必于草书焉发之。"[4]

宗白华曾说："在汉字的笔画里、结构里、章法里显示着形象里面的骨、筋、肉、血，以至于动作的关联。""这字已不仅是一个表达概念的符号，而是一个表现生命的单位，书家用字的结构来表达物象的结构和生气勃勃的动作了。"[5]

紫砂壶可用来沏茶，又有观赏性。宋代以来，广受群众的喜爱，更为收藏家青睐，名家的作品受人珍爱，一壶难求。紫砂壶有"光货"、"花货"、"筋囊"三大基本壶式。其中"光货"器型以几何形为主，线条简练，有大片光洁面。"光货"紫砂壶的壶形不再现、不写实，呈现为抽象的几何形体，它们的审美价值，源自壶的"有意味的形式"。中国紫砂壶文化表明广大人民能够接受、欣赏并珍视"有意味的形式"。

马克思在阐述生产与消费的关系时，有一段文字提到艺术："艺术对象创造出懂得艺术和能欣赏美的大众……生产不仅为主体生产对象，而且也为对象生产主体。"[6]又说，"不仅五官感觉，而且所谓精神感觉（意志、爱等等），一句话，人的感觉、感觉的人性，都是由于它的对象的存在，由于人化的自然界，才产生出来。"[7]

古往今来，人创作了无数非写实的、非再现的"有意味的形式"，同时就培育了能接受和赏鉴这类艺术形式的人。人们看到轿车、服装、瓷瓶，能很快就它们的形式发表看法：好看、难看、喜欢、不喜欢，因为已经"训练有素"。

德国美学家玛克斯·德索（Max Dessoir，1867—1947年）写道：

> 我们的好奇以及对自然现象的挚爱都含有审美态度的一切特征，然而却不必与艺术有关。加之，在所有精神与社会的各个领域中，有一部分创造力是化在美的建设方面的。这些产品虽不是艺术品，但却给人以美的享受。日常生活中的无数事实告诉我们，鉴赏力是能够提高的。它不依赖艺术而起到自己的作用。[8]

12.5 现代建筑与"有意味的形式"

现今，世上的建筑大略可分"传统的"与"现代的"两大类，两者有多方面的差异，在造型和给人的观感方面大不相同，靠在一起，往往反差很大。

历史上流传下来的传统建筑，无论中外，人们不觉得它们"抽象"。

首先，传统建筑在一定地域世代传承，延续数百年，演变很慢。居民祖祖辈辈生于斯，长于斯，住惯了，见惯了，对那种建筑样态，非常熟悉，怎会觉其抽象呢。

其次，论木造、砖造，还是石造，传统建筑多多少少都加有再现性的雕塑、绘画，以及文字，它们合在一起，明确、生动地传达出有关的信息，将建筑物的功能、性质、意图和思想内涵通俗地传达给居民，男女老少人人理解。日久年深，传统建筑的形制和形象进入人们的集体记忆，有的还成了官方的法式和定制。传统建筑已经成了一种社会文化符号。

所以，历史留传下来的传统建筑，对于当地人来说，长期了解、熟悉、习惯，有亲切感。传统的建筑形象，在当地公众和相关的人士心目中，不只是"有意味的形式"，还包含和显露出许多历史文化内涵。

现代建筑有所不同。

从19世纪末期开始，西欧兴起了与传统建筑有明显差别的建筑潮流，随后扩展开来，产生现代建筑。与历史上的建筑相比，现代建筑在形象方面一个显著的不同之处是取消或减少附加的装饰、雕塑与绘画。这有多方面的原因。

1908年，奥地利建筑师路斯（Adolf Loos，1870—1933年）发表文章《装饰与罪恶》，声称"装饰不再是我们文化的表现了。……摆脱装饰的束缚是精神力量的标志！"[9] 其后，法国著名建筑师勒·柯布西耶大力赞美简单的几何形体，说"原始的形体是美的形体。"[10] 德国建筑师密斯·凡·德·罗倡导"少即是多"（less is more）的设计原则。在20世纪末以前，现代建筑的造型流行简单的几何形风格，体形光洁，趋于简约，出现"简约主义"、"极少主义"之类的名号。

20世纪前期，现代建筑刚刚从西欧传入美国之时，美国人士不大能接受，有人讥讽没有装饰的陌生的现代建筑是"抽象建筑"和"裸体建筑"。经历了1929年经济大萧条和第二次世界大战后，才渐渐详尽描述和介绍，有了变化。

现代建筑与历史上的建筑相比，设计创作方面有一个明显的差别。过去，建筑师造房子看重继承，讲究承传，考究系谱，处理要有所本。那时，建筑也有改进，也会出新，但总的是在前人的建筑范型的影响下进行的小改小革。

现代的建筑师相反，人人都想创新，个个追求突破。造成这种局面有技术和市场经济等社会历史原因。结果是，从前的建筑给人以熟悉和亲切的印象，现代建筑由于减少甚至割断与历史的联系，大都呈现为抽象的、陌生的形体，都是说不出名堂的"立体构成"。

"立体构成"似的现代建筑没有传达明确的理念，有的人对之无动于衷，而有形式感素养的人能从中体会出某种"意味"。20世纪美国著名建筑"流水别墅"，其实就是一座"立体构成"。澳大利亚的"悉尼歌剧院"也是，不过较为复杂一些。在从事建筑学或搞艺术的人的心目中，流水别墅和悉尼歌剧院可真是意味无穷！

一座建筑所能引出的意味与众多因素有关。最要紧的是两项：一，设计者的立意及立意物态化的水平；二，观者的文化素养与审美经验。

现代建筑"抽象"的体形之所以有意味，是因为它本身包含各色各样的点、线、面、体、色和质料。线有粗细、长短、直曲，面有大小、宽窄、平折、弯曲，体有轻重、虚实、软硬、稳重与动态，材质色彩更是多种多样……将这些要素有目的地加以调配组合，能造出无限多样的建筑形式，让人体验到各色各样的意味。这与中国的书法、小汽车的设计是一个道理，要得出有意味的形式，都要经过技艺的磨练、经验的积累，要有足够的功夫。

现代建筑形象引出的"意味"，与所有抽象艺术一样，即使在有审美经验的高水准的赏鉴者面前，可以被感觉，也难以确切把握。"意味"不同于"理念"，特点是游离朦胧，似有似无，缥缈隐约，摇曳不定，恍惚有象，恍惚有言，但难于精确言传。人们面对奔驰、法拉利、兰博基尼之类的轿车形象也会有这样的感觉，正如陶渊明所说，"*此中有真意，欲辨已忘言。*"[11]

从艺术的角度看，成功的现代建筑造型主要动人之处就在于它们具有某种"有意味的形式"。

第13章

严格编码，非严格编码，无编码

13.1 符号学家艾柯的理论

建筑形象具有符号性，对此，符号学家有何解释?

符号学范围很广，学派众多。有语言符号学、一般符号学、文化符号学、记号类型学、代码理论……手头有一本李幼蒸著的《理论符号学导论》[1]，内容丰富，从中得到一些符号学的知识。

下面是从中摘录的与建筑形象有关的一些论点。

作者写道：

> 在社会文化中，特别在文艺现象中存在着大量非严格编码或毫无编码结构的"表达组合物"……特别是现代派作品。它们肯定是一种"表达"，即应当有"内容"与其对应，但表达面与内容面的关系却是不明确的或简直是无从建立。……对这类富于变动性的艺术品，不易进行结构分析。更为困难的问题是"发明"新的表达层，并对其进行切分。此时记号本文的组合程序变为发明性程序。"发明"为一种记号生产方式。……因为无在先的惯约规则使表达的成分与被选择的内容相关联，记号生产者必须以某种方式提出有关的相互关联方式，并使其被观众接受。不言而喻，美学记号系统编码的高度非严格性遂使美学价值和意义问题更富于流动性和开放性。[2]

意大利著名学者翁贝托·艾柯（Umberto Eco，1932—2016年）是享誉国际的作家、哲学家、符号学家、美学家，被认为是当代最博学的人之一。艾柯认为，现代派艺术是一开放的记号织体，它们有待于被填充进某种内容，因而不妨把这类作品看成一种"命题函数"，有待与一种内容相关联，而关联方式是多种多样的。

艾柯说：

受者必须参与填充语义裂隙以减少或增多所提出的多重读解，去选择他自己编好的读解路径时考虑若干条路径，去反复读解同一文本，每次都检验不同的源泉和矛盾的前提，……于是美学文本变为不可预测的语言行为的多重源泉……。

在美学通信过程中发生了艺术经验，它既不可能归于一确定的公式，又不可能预见其全部后果。[3]

以上引文中有几个关键的词和短语：
• 非严格编码或毫无编码结构的"表达组合物"；
• 表达面与内容面的关系不明确或无从建立；
• "发明"新的表达层；
• 无在先的惯约规则使表达的成分与被选择的内容相关联；
• 编码的高度非严格性使美学价值和意义更富于流动性和开放性；
• 现代派艺术是开放的记号织体，有待于被填充进某种内容；
　　　……
• 受者必须参与填充语义裂隙选择他自己的读解路径；
• 艺术经验不可能归于一个确定的公式。
这些引文用了许多符号学的术语，别处少见，但还能懂。我以为那些道理有助我们认识和解释建筑形象中的许多问题。

13.2　符号学与建筑

历史上的每一种建筑都存在过很长的时间，数十年，数百年，长的过千载，故称传统。许多建筑做法和形象，成了官定的"法式"或约定俗成的"制式"。

关于中国清代建筑，梁思成说"清式则例至为严酷，每部有一定的权衡大小，虽极小，极不重要的部分，也得按照则例，不得随意。"[4] 从符号学看，清代官式建筑的形象属于"严格编码"类型。

其实，历史上的建筑，无论中外，大都有相当严格的编码。到了近现代，建筑设计渐渐松绑，建筑师做建筑设计，每每追求与别人不同，力求与已有的建筑物不同，包括与他本人先前的作品不同。现在建筑师每次做建筑设计，都是在"创作"，都是在"创新"，也即是在"发明"。除了一次批量建成的同类型建筑物（住宅楼等），稍微重要的建筑，特别是公共建筑和地标性建筑，方针是"人无我有，人有我新，人新我奇"，目标是搞出从所未见、独一无二的建筑形象。这些建筑形象或是属于"非严格编码"类型，或是没有任何的编码，也没有任何"在先的惯约规则"。在很长一个时间段中，普通人无从了解该形象有何内容、有何含义，只能傻看。如果不甘心傻看，要将读解进行到底，就得按照艾柯指示的办法去做。

看些实例。

中国传统宫殿的大屋顶历史悠久，闻名遐迩。过去，什么建筑用"硬山"，用"悬山"，用"歇山"，用"庑殿"，何处用"重檐"，都有硬性的规定，不得乱来。就是说，传统宫殿的建筑形象，都是按"严格的编码"造出来的，又存在明定的"惯约规则"。几百年下来，有些中国建筑知识的人，一看宫殿的屋顶是何种样式，就得到许多信息。

20世纪新的建筑是另一种情形。

著名的悉尼歌剧院的造型，与世上任何演出建筑都完全不同，真是全新的"发明"。那些冲天的屋顶独特至极。不但空前，估计也将绝后。这个史无前例的演出建筑，当然没有"在先的惯约规则"。悉尼歌剧院的建筑形象，如艾柯所言，是一个"开放的记号织体，有待于被填充进某种内容"，"受者必须参与填充语义裂隙……选择他自己的读解路径"。

关于悉尼歌剧院，笔者曾写过：

> 歌剧院三面临水，造在悉尼港内一个小小的半岛上。这座建筑最大的特征是上部有许多白色壳片，争先恐后地伸向天空。从远处望去，歌剧院像是浮在海上的一丛奇花异葩，称它为澳洲之花十分恰当。而它又会引出其他联想，如海上的白帆，洁净的贝壳，等等，全都是美好的形象。它在悉尼港的蓝天碧海之间，生出一派诗情画意，引人遐思无限。[5]

这是我那时按自己的"读解路径"写出的话语，是向悉尼歌剧院建筑形象的"语义裂隙"所作的"填充"。

　　贝尔说，艺术品的意味来自"隐藏在事物表象后面的并赋予事物以不同意味的某种东西，这种东西就是终极实在本身。"[6]

　　贝尔的说法空洞不靠谱，艾柯的"填充"说比较实在。

　　"美不自美，因人而彰"，如何彰？观者的"填充"即彰的方法之一。

　　王羲之在《兰亭集序》中写道：

　　　　会稽山阴之兰亭……此地有崇山峻岭，茂林修竹，又有清流激湍，映带左右，引以为流觞曲水，列坐其次。虽无丝竹管弦之盛，一觞一咏，亦足以畅叙幽情。是日也，天朗气清，惠风和畅。仰观宇宙之大，俯察品类之盛，所以游目骋怀，足以极视听之娱，信可乐也。[7]

　　王羲之的这段文字，是1600年前对当时会稽山阴兰亭风景的点赞，按艾柯的理论，他的这些思绪感慨，起到对当年那片自然景象的"填充"作用。如果没有王羲之当年那卓越的"填充"，真可能如柳宗元所言，"不遭右军，则清湍修竹芜没于空山矣。"

　　从符号学角度看，每个现代建筑形象几乎都是一个新"发明"，都属于"非严格编码"，或"无编码"类型，观赏者没有"先在的惯约规则"可循。

　　对这样的建筑形象，人们的认知、体会、欣赏、评论，接受或不接受，如何产生呢？

　　要看两方面的情况而定。

　　一方面看建筑形象本身，即客体，看建筑物的材质、工艺是否够水平，形体处理是否合乎当代流行的形式美的规矩。另一方面要看观赏者或受众，即主体的情况。进行鉴赏活动的主体自己需要有相当的文化素养，又有精神性的、超功利的赏鉴需求，及一定的概括和表达能力及经验。有了这样的主体和客体，双方反复互动，人的脑海中形成自己鉴赏的感受和评价，并能够下意识地将自己的感受和评价虚拟地投向客体，即艾柯所说的"填充"，或先前美学家说的"移情"。这时，在这位受众的心目中，客体的"形象"才有了"意味"，成为对他而言的"有意味的形式"。

　　应该说，艾柯等人的符号学理论对探究现代建筑形象问题很有裨益。

第14章

潮起潮落——人自为战

14.1 颠覆者文丘里

1966年，纽约现代艺术博物馆出版美国建筑师R·文丘里（Robert Venturi，1925年—）的建筑理论著作《建筑的复杂性与矛盾性》。[1]

此书的第一章题名"温和的宣言"，作者一上来就说："建筑师们再也不应该被正统现代主义的清教徒式的道德说教吓住了。"[2]

这话无疑是向现代建筑师发出的造反号召！

"温和的宣言"不温和。一，他把建筑中的现代主义称为正统现代主义，显然是主张另外的非正统的现代主义；二，他把现代主义贬为道德说教，可听可不听，这就否定了它的真实性和真理性；三，他把现代主义看作清教徒式的清规戒律，是束缚人的东西；四，他说建筑师们按现代主义的理念进行创作，是被人吓服了。

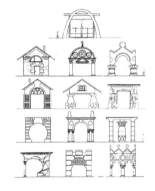

文丘里书中的插图——"建筑的内部和外观不一定要一致"

文丘里书中的插图——"这个小银行的假门面有象征意义"

文丘里出手蛮厉害。

他的主张贯穿于全书，"温和的宣言"中有一段话，扼要地表达出他的旨趣。他用对比的方式讲话，原文是连续的，我们这里在排列上略加变动，使他赞成什么和反对什么更加清楚：

> 我喜欢建筑要素的混杂，而不要"纯粹的"；
>
> 宁要折中的，不要"干净的"；
>
> 宁要歪扭变形的，不要"直截了当"；
>
> 宁要"暧昧不定"，也不要"条理分明"、刚愎无人性、枯燥和所谓的"有趣"；
>
> 宁要世代相传的，不要"经过设计"的；
>
> 要随和包容，不要排他性；
>
> 宁可丰盛过度，也不要简单化、发育不全和维新派头；
>
> 宁要自相矛盾、模棱两可，也不要直率和一目了然；
>
> 我容许违反前提的推理，甚于明显的统一；
>
> 我宣布赞同二元论；
>
> 我赞赏含义丰富，反对内容简明；
>
> 既要含蓄的功能，也要明确的功能；
>
> 我喜欢"彼此兼顾"，不赞成"或此或彼"；
>
> 我喜欢有黑也有白，有时要灰色，不喜欢全黑或全白。[3]

耶鲁大学艺术史教授斯卡利（Vincent Scully）对文丘里这本书推崇备至，他为该书写的引言说："这本书是自1923年勒·柯布西耶的《走向新建筑》出版以来，影响建筑发展的最重要的著作。"斯卡利赞叹"此书的论点像是拉开幕布，打开人的眼界。"[4]

文丘里的观点的一个重要出发点是：建筑本身就包含着"复杂性与矛盾性"。他写道："建筑要满足维特鲁威提的实用、坚固、美观三个要求，就必然是复杂和矛盾的。今天即便是处理普通环境中一个建筑，其功能要求、结构、机电设备和表现要求，都是多种多样、相互冲突的，其复杂程度是过去难以想象的。"文丘里批评早先的现代主义建筑鼓吹者对建筑的复杂性认识不足。他们把现代的建筑功能放在首位，不顾及建筑的复杂性。

文丘里极力反对密斯提的"少即是多"的主张。他说建筑师跟着密斯走，就会脱离实际生活和社会的多样需要。他认为："大肆简化导致简单化，带来乏味的建筑。"针对密斯的"少即是多"（less is more），文丘里回敬道："少不是多"（less is not more），"多才是多"（more is more），"少是枯燥"（less is bore）。

文丘里反对"只能这样或只能那样"（either-or）的二者取一的做法，他主张"既这样又那样"（both-and），兼收并蓄。他认为建筑师要承认矛盾，把矛盾对立的东西包容下来。接受不确定的状态，容许紧张感。

具体做法是让不同的形状、不同的比例、不同的尺度及不同风格的元素并置或重叠在一个建筑物上，容许冲突、失调、断裂等不完整、不协调及不和谐的局面。这就是他所说的"矛盾共处"。他认为可以采取破格的、不明确的、暧昧不清的处置和做法。

关于传统，文丘里说可以采用传统建筑的要素，"既采用传统的东西，又采用新的东西，由此创造出奇妙的整体。"他又说可以"通过非传统的方式组织传统的部件"，"以不寻常的方式运用寻常的东西"，"以陌生的方式组织熟悉的东西"，"从平庸老套中获得新鲜感"。"熟悉的东西在陌生的环境中能给人以既旧又新的感觉"，"采用不协调的韵律，不一致的方向"，"让对立的、不相容的东西堆砌在一处，搞不分主次的二元并置"。文丘里还提倡"让室内和室外脱钩"，即建筑物的内部和外部可以有不同的样式和风格，无须统一。[5]

1972年文丘里与另外二人合写了另一本书，书名是《向拉斯韦加斯学习》。[6] 在这本著作中，他提出美国西部的赌城拉斯韦加斯的街道和建筑大有学问，过去搞建筑的人都向罗马学习，现在应该向那座赌城学习。他说，过去人们都崇尚"英雄性和原创性的建筑作品"，其实建筑师也可创作"丑的和平庸的建筑"（ugly and ordinary architecture）。文丘里的另一句名言是"大街上的东西几乎都不错"（The mainstreet is almost all right）。

在很长一段时间中现代主义建筑都不用附加的装饰，没有附加的装饰几乎成了现代主义建筑最明显的一个特征。文丘里赞成装饰，他还进一步把建筑定义为"带装饰的遮蔽体"。他说装饰可以是附加上去的，只要巧妙就行，不必是建筑的有机组成部分。

1980年文丘里在一次谈话中说：

你无法把高雅艺术强加给每一个人。……我们应该适应不同的文化口味。既演奏贝多芬又演奏"甲壳虫"，既有拉斯韦加斯那样的大马路，又有新英格兰地区的高雅园林。美国有多种文化，美学上就必然是多而杂的。

如何看待文丘里的这套理论？

应该说这是时代变迁的产物。正统现代主义建筑观念形成于20世纪20年代的德国与法国，勒·柯布西耶的《走向新建筑》的出版可视为一个标志。文丘里的《建筑的复杂性与矛盾性》发表于20世纪60年代的美国。20年代的德国与法国刚刚遭受第一次世界大战的破坏，经济十分困难。盖房子必须重视节省和效用，在艺术造型上很自然地就崇尚简洁，因而有了"清教徒式"的特征。

20世纪60年代的美国是全世界最富裕的国家，建筑无需抠门，不讲节约而追求丰富和趣味。我们中国也是这样，20世纪50年代，经济困难，建筑上就得抠门，就得简化。到90年代，经济水平高了，建筑上也大讲文化、历史传承和情趣。设计每户50平方米的住宅，非讲功能主义不可；设计一户200平方米的住宅，功能不成问题，大可强调别的方面了。所以60年代的美国，出来一位文丘里，大声讥讽正统现代主义的清教徒倾向，反对"少即是多"，宣传"多才是多"，不令人奇怪。

文丘里的建筑观点让富裕国度的建筑师消除顾虑，放开手脚，是与时俱进的主张，有纠偏的效用。应该承认文丘里的观点有其合理性。

文丘里的建筑理论的又一特点是走出精英文化的象牙之塔。他的观点很"接地气"，反映大众文化对精英文化的挑战。他鼓吹不协调的韵律，采用片断、破裂、歪扭，不同比例的东西的毗邻、堆砌、重叠，用非传统的方式组织传统要素，等等，大力宣扬不完整、不和谐、不统一的建筑造型。并找出一些建筑实物来印证自己的观点。那些例子多是从犄角旮旯找来的，有僻街小巷里拼凑的房子，有一再翻修、改建、拼接的老屋。现实中有那样的建筑，不过都处在边缘地区。文丘里把一般人认为不登大雅之堂的房屋找出来，把它们推到读者面前，作为自己观点的论据。他的理论和做法，在很大程度上受到当代西方波普艺术（Pop art）的影响，实际是一种"波普建筑"。

侧视

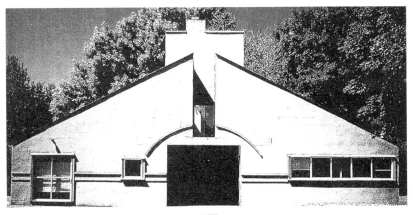

正面

文丘里母亲住宅

　　1963年建成的文丘里的"母亲住宅"是他早期的作品，已经表现出他不一般的建筑理念。这个小房有一个很显眼的坡屋顶。采用坡顶而非平屋顶显示房子与正统现代主义建筑有别。住宅入口在山墙面，正中是一道豁口，其下为大门门洞，门洞上隐约可见横过梁，不过又有一道稍微凸起的圆弧线。从结构上说，它不起作用，不过，它在那个位置大约是暗示或隐喻一个拱券。是否真是如此？不明确，而不明确正是文丘里所喜爱的。门洞之内有斜门。进门之后一转身有楼梯。楼梯与壁炉及烟筒的关系也很奇特，可以说它们是纠缠在一起。楼梯的踏步有宽有窄。

曾有人问文丘里这所住宅的设计旨意，文丘里解释说，这个小住宅是要"既复杂又简单，既开敞又封闭，既大又小，许多东西在某个层次上说是好的，在另一个层次上是坏的。住宅格局既包括一般住宅的共性，又包括环境的特殊性。在数量恰好的部件中，它取得了困难的统一，而不是很多部分或很少部分之间的容易的统一"。关于楼梯与壁炉，文丘里说那是"两个垂直要素在争夺中心地位。这两个要素，一个基本上是实的，一个基本上是虚的，它们在形状和位置上互相妥协，互相弯倾，使这个中心部位达到二元统一。"又说："楼梯放在那个笨拙的剩残空间之内，作为单个要素来看是不佳的，而就其使用和空间地点来说，作为一个片段，它适应复杂的矛盾的总体，它又是好的。"1982年在一次讲演中，他又提到这个小住宅，说它"古典而不纯，有相反的一面，有手法主义的传统，又有历史的象征"。会上有听众说这个住宅像是儿童画的房子，文丘里说："我愿意它是那种样子。"房子不大，说法挺多。

文丘里为一个美术馆设计扩建部分，在一个墙角突如其来地安置一根用木片包成的爱奥尼柱子，像个矮胖墩，滑稽可笑，被称为"米老鼠爱奥尼"，看来就是为着逗人乐。

普林斯顿大学有座"胡堂"，也是文丘里的作品。在这个不大的两层房子上，有美国大学传统的建筑形象，有英国贵族邸宅的元素，有美国老式乡村房舍的细部，都混在一起。这还不说，在小楼入口的木门上方，突然有蓝白二色大理石拼出的超大图案，有点像中国京剧演员的脸谱。为什么搞这个？大约是因为那座小楼是华人校友胡应湘捐资建造的缘故。总之看起来挺逗。

在这里我们看到文丘里常用的手法。新老之间，不同样式之间，既有继承，又有变异；既有呼应，又有矛盾；既统一又对立；既有认真严肃的一面，又有玩笑滑稽的一面。常常是兼容并蓄，表情复杂，含义模糊，绝不单纯的建筑。它的创作方法不是认真复旧，又非完全创新，介于两个极端之间。有人说文丘里的创作方法可称为"积极的折中主义"。

文丘里长于理论驳难，他的著作有惊世骇俗的力量，而他的作品似乎主要是用以显示和证明他的理念，建筑本身疏于造型和美观的精研推敲，因而他没有一座受到建筑界普遍赞誉的作品。这自然同他的建筑理论有关。他不是说建筑师可以推出丑的和平庸的建筑吗！如果有人对他的作品说三道四，他也许还会说"我愿意它是那个样子！"

14.2 "后现代"建筑

20世纪中期，现代主义建筑扩及全球，世界主要城市都有它的踪影。现代主义成为建筑学的主导和显学。但是，随着时间的推移，到20世纪后期，愈来愈多的人开始反思，对早期现代主义提出怀疑、指责的声音蜂起。

1958年美国建筑评论家P·布莱克发表系列文章质疑现代主义建筑的许多口号和原则。他问："形式跟从功能——真是那样吗?"布莱克说："现代主义建筑师自认为要创造出不同于过去木头和石头的建筑，热衷于在建筑上体现机械化。但是群众却说你们应该想着艺术性，要适合普通人的口味，不要只顾理性规律，不要把什么房子都搞得像工厂了。……现代主义建筑师强调功能主义，实际上只是对机器形体的崇拜。可我们应该让机器适应人，而不是要人适应机器。"[7]

20世纪美国著名建筑师菲利普·约翰逊（Phlip Johnson，1906年—）前期崇拜密斯，至20世纪50年代改变立场，宣布要同现代主义建筑大师分道扬镳。1959年2月他在耶鲁大学讲演时说："我曾是个空前的密斯派，我总是荣幸地被人称为'密斯·凡·德·约翰逊'。……年轻人模仿老一辈伟大天才的事是很自然的。但我也在变老了。……我现在的立场是竭力地'反密斯式'（anti-Miesian），恰如我并不十分喜欢我父亲一样，这是完全可以理解的，在这种变化的时代里，与其求新，不如求好。……我的方向很清楚：传统主义（Traditionalism），这并非复古主义。我试图从整个历史上去挑拣出我所喜欢的东西，我们不能不懂历史。"他又宣称"国际式溃败了，在我们的周围垮掉了。"[8]

越往后去，否定现代主义建筑的声音和调门越来越高。

布莱克说：

> 事情很清楚，走过了一百年，现代主义的教条已经变得陈腐了。它曾经兴盛过，也有过光辉的时刻。现在也不必吃后悔药。……我们此刻接近一个时代的终点，另一个新时代的开端。……我们是在现代

建筑运动的信条下成长的，我们曾经表示要在自己的职业生涯中始终服膺它，但是现代建筑运动已经走到尽头了。[9]

　　1979年，美国新闻记者沃尔夫撰文说，美国近几十年的现代主义建筑是欧洲包豪斯那一伙人侵入美国的结果，他宣称"70年代是现代建筑死亡的年代。它的墓地就在美国。在这块好客的土地上，现代艺术和现代建筑先驱们的梦想被静静地埋葬了。……美国建筑师正在走自己的道路。"[10]

　　现代主义建筑需要转变和发展，这不仅是建筑界内部的事情，而是历史的必然。根本原因在于西方社会在半个多世纪中发生了广泛的、深刻的、巨大的变化。经济和社会变化，社会意识形态和文化观念也有了变化，与这两方面都有关系的建筑业、建筑思想和建筑创作也就相应发生变化。

　　从社会文化心理的角度看，以下几方面的变化相当显著：

　　（一）物质生活水平提高以后社会消费方式出现了新的特点。20世纪80年代的西方发达国家物质极大丰富了。1945年，全世界行驶的汽车为5000万辆，40年后的1986年达到38600万辆。在物质匮乏的时候，一般人要解决的是有无问题；物质丰富的时候，基本需要已经满足，人们消费时不仅注重使用价值，还更注重精神价值，在物品的功能和效率之外，对于许多产品要求款式、造型的多样性，要求具有较高的艺术质量。产品的流行周期越来越短，变化越来越快。

　　（二）工业文明的负面影响引起失望和怀旧情绪。工业发展带来的负面作用日益引起人们的忧虑。严重的工业污染、能源危机、生态危机、人口爆炸、土地沙漠化等等威胁到人类的生存。1981年，罗马俱乐部主席佩奇写道："人在控制了整个地球之后，并未意识到这些行为正在改变着自己周围事物的本质，人污染自己生活所需要的空气和水源，建造囚禁自己的鬼蜮般的都市，制造摧毁一切的炸弹。这些'功绩'具有临终前抽搐的力量。……物质革命使现代人类失去了平衡。"[11] 许多人很自然地想念起前工业社会旧日的好时光（old good days）。保守和怀旧情绪到处出现。

　　（三）人文主义和非理性主义思想兴盛。20世纪前期，很多人相信理性，相信科学，科学主义的哲学时兴。一位法国哲学家强调要"从生命的复杂性去思考生命"，呼吁"把重点从物理性问题转到人本身的问题上"。

　　当代的人本主义越来越带有反理性主义的色彩。法国哲学家萨特认为，人凭借感性和理性获得的知识是虚妄的，人越是依靠理性和科学，就越会使自己受其摆布从而使人自己"异化"。他说："存在主义，最后，是反对理性本身。"

（四）艺术和审美风尚出现新变化。当代社会许多人没有信仰，他们以自我为主，没有崇高感，对英雄行为没有兴趣。对于艺术，基本倾向是寻求更多的刺激、更激烈的变换和变形、更大程度的紧张。于是玩世不恭、嘲讽、挪揄、游戏、悖论、做鬼脸、出怪相、玩艺术、反美学渐渐成为时尚，不和谐、不完整、不统一的艺术形象取代对和谐、完整、统一的追求。

西方的艺术和美学在20世纪前期曾经猛烈地突破传统，到20世纪后期又出现了新的变化，一方面出现了表面上向传统回归的趋向，另一方面又有进一步反传统、反艺术、反美学的趋向。多种趋向错综复杂、异彩纷呈。了解以上情况和现象，有助于我们理解20世纪后期西方建筑思潮的变化，事有必至，理有固然。

20世纪前期，进步和反传统受到赞美；20世纪后期，保守和"反反传统"成为时尚甚至是一种美德。

20世纪80年代，英国王储查尔斯也站出来攻击现代主义建筑，他说第一次世界大战后，"英国到处建造巨大死板而没有特色的现代建筑。英国建筑师对伦敦的破坏比大战中希特勒的轰炸造成的破坏还严重。"他呼吁"修建更多出自英国建筑传统并与大自然和谐一致的建筑。"[12] 时间过去了140年，不料英国王储查尔斯的建筑观点又偏向当年拉斯金那边了。

在批判现代主义思潮影响下，哲学、社会科学、文学艺术等文化领域出现众多新的观念、新的理论和新的流派。它们同先前的现代主义有明显的区别，以致对立冲撞。这些新观念、新理论被笼统地称作"后现代主义"（post-modernism）。后现代主义一词有广泛的综合性和包容性。人们对后现代主义的含义有不同的解释。

学者王岳川写道：

> 后现代主义从现代主义的母胎中发生发展起来，它一出现，立即表现出对现代主义的不同寻常的逆转和撕裂，引起哲人们的严重关注。后现代主义绝非如有人所说的仅仅是一种文艺思潮。这种看法既不准确，又与后现代发展的事实相悖。后现代主义首先是一种文化倾向，是一个文化哲学和精神价值取向的问题。[13]

王岳川在《后现代主义文化与美学》代序中写道："作为一种普遍的艺术和文化哲学现象，后现代主义调转了方向，它趋向多元开放、玩世不恭的、暂定的、离散的、不确定的形式，一种反讽和片断的话语，一个匮乏、破碎和苍白的意识形态，一种分解的渴求和对复杂的、无声胜有声的创新。"他指出"不确定性是后现代根本特征之一，这一范畴具有多重衍生性含义，诸如：模糊性、间断性、异端、多元论、散漫性、曲解、变形。仅变形一项就包括当今许多自我解构的术语，如反创造、分解、变形、解构、去中心、移置、差异、断裂性、不连续、消失、消解、零散性……正是不确定性揭示出后现代主义的精神品格。"[14]

K·弗兰姆普敦在《现代建筑——一部批判的历史》中对后现代主义建筑作了如下的评论：

> 如果用一条原则来概括后现代主义建筑的特征，那就是：它有意地破坏建筑风格，拆取搬用建筑样式中的零件和片断。……这个潮流使每一个公共机构的建筑物都带上某种消费气质，每一种传统品质都在暗中被勾销了。[15]

意大利建筑理论家B·赛维（B.Zevi）在一次与后现代主义建筑赞同者对话时说：

> 后现代主义其实是一种大杂烩，我看其中有两个相反的趋向。一个是"新学院派"，它试图抄袭古典主义，而那种古典主义是被摆弄的。这一派人并不去复兴真正的古典精神，不过摆弄些古典样式……与此相反，另一个趋向是逃避一切规律，搞自由化，实际上是提倡"爱怎么搞就怎么搞"，其根子在于美国人想要摆脱欧洲文化的影响，而其产品却是把互相矛盾的东西杂凑在一处的建筑。这种做法也许别有风味，然而难以令人信服，事实上也就难于普及。[16]

1979年美国《时代周刊》发表专文，题为《各干各的：美国建筑师向方盒子建筑说再见》。[17]

总之，在后现代主义建筑问题上，各方面意见分歧很大，难于统一。

依笔者看来，后现代主义建筑作为一种建筑界的趋向，它基本上并不涉及建筑的功能实用、技术经济等物质方面的实际问题，它所关心的只是建筑形式、风格、建筑艺术表现和建筑创作的方式方法等事项。这些方面是重要的，但不是建筑问题的全部。

后现代主义建筑在名称上仿佛是接替现代主义建筑，可以同现代主义建筑等量齐观的建筑运动，实际上它的意义和作用要小得多。当然，和一切建筑流派一样，正宗和典型的后现代主义建筑是很少的，准后现代和半后现代的建筑数量多一些。建筑流派的边界原本是松散的、不固定的和开放的，因而是模糊的。

后现代主义建筑，从较长的历史的眼光看，它们其实还是应该归入现代主义建筑的范畴之内，其变化主要是在形象方面和美学观念方面。因而后现代主义建筑大体可以视为20世纪现代主义建筑的一个变种。这一变种之所以引人注目，主要是因为它在形式上带上了新的时代特色，即20世纪后期西方社会的后现代主义文化的特色。

上文指出的后现代文化的众多特点在后现代建筑中明显地表现出来了。美国建筑师格雷夫斯（Micheal Graves，1934年—）设计的三座建筑被认为具有"后现代"建筑的特点。

一座是俄勒冈州波特兰市市政新楼。美国西北部俄勒冈州波特兰市市政新楼于1983年落成。格雷夫斯认为后现代主义建筑采用"双重译码"，建筑艺术既要与有教养的人们联系，也要与大众阶层保持联系。他将从传统建筑上取来的片断作为一种符号，使建筑形象带上历史的象征或隐喻，以迎合一般人的习惯和爱好。他说，现代主义建筑常用整块大玻璃做窗墙，而实际生活中人们习惯用手扶着窗棂向外张望，因此格氏少用大玻璃窗而采用带窗棂的传统的格窗，有时就用木窗。建筑物顶部轮廓是人们欣赏建筑的重要部位。现代主义建筑的顶部过于简单，格氏将顶部加以处理，使一般人容易认同。

格氏将建筑物形体与人的头、身、脚相比，使建筑物有明显的顶部、主体和基座的划分。他称这种做法是建筑的"拟人化"。格氏的色彩运用有鲜明的个性，爱用明丽娇柔的颜色如粉红、粉绿、粉蓝之类的"餐巾纸色"，因而他的建筑物亮丽醒目，有别于现代主义建筑惯用的白色。

波特兰市政新楼是美国后现代主义建筑最有代表性的作品之一，它的出现改变了公共建筑领域中近半个世纪流行现代主义建筑风貌。它是一个大方墩式建筑，高15层，下部明显地做成基座形式，基座部分外表贴有灰绿色的陶瓷面砖，基座以上的主体表面为奶黄色。在大楼的四个立面上都加有隐喻壁柱的深色竖直线条。正立面的"壁柱"上有突出的楔块，再上面以深色面砖做成巨大的"拱心壁柱"，还有飘带似的装饰。主入口饰有3层楼高的"波特兰女神"雕像。它是从波特兰市的象征图形中摘取来的。立面上除了部分大玻璃面外，在实墙上则开出方形的小窗洞。侧立面的象征装饰，形象丰富。它有些古典意味，但又非复古，新奇有生气，但又有滑稽嬉闹之意。这样的入口处理历史上很多，但后来很少看到。波特兰市政府新楼色彩相当鲜亮。

另外两座是格雷夫斯创作的佛罗里达州迪士尼乐园的天鹅饭店和海豚饭店，均于1988年建成，也是后现代建筑的代表作品。

两座饭店从外部到内部，各个部分的形状忽大忽小，尺度、比例超常，装饰夸张，色彩俗丽。无论从古典建筑的角度还是从现代主义建筑的角度来看，它们都是不入流的，好似儿童搭的积木。不过放置在迪士尼游乐园的环境中，有玩具式的嬉笑逗乐的效果，这也是后现代建筑的旨趣之一种。

天鹅饭店

实际情况是，80年代以后，美国式的后现代主义建筑的势头已经逐渐低落下去，其影响可能会延续一段时间，或者以改变了的形态重新出现。总的趋势是，20世纪后期那样的后现代建筑正在淡出。

海豚饭店（1988年）

后现代主义建筑之例——佛罗里达州迪士尼乐园饭店

14.3 "高技派"

"高技派"（hightech）建筑出现于20世纪后期，典型的建筑作品寥寥无几，不过也曾经轰动一时。

蓬皮杜中心临街面

蓬皮杜中心临广场面

高技派建筑之例——蓬皮杜中心

　　1968年蓬皮杜继戴高乐任法国总统，次年他提议在巴黎中心区一个地点建造一个综合性文化中心。蓬皮杜认为前总统戴高乐是伟大人物，遗憾的是没有留下纪念物。他说："我爱艺术，我爱巴黎，我爱法国。……要搞一个看起来美观的真正的纪念性建筑。"

　　为此，1971年举办了国际建筑竞赛，收到681份建筑设计方案，其中近500份来自国外。评选团选定由意大利建筑师皮亚诺和英国建筑师罗杰斯合作的方案。1972年动工，1977年初竣工。那时蓬皮杜已去世。

　　蓬皮杜中心全名为"巴黎蓬皮杜国家艺术与文化中心"（Le Centre Nationnal d'art et de Culture Georges Pompidou），是高技派建筑的一个最突出的标本。中心落成轰动世界，各处建筑报刊纷纷报道、评论。

　　蓬皮杜中心主楼长166米，宽60米，6层，总面积98300平方米，距著名的巴黎圣母院和卢浮宫都很近。大楼采用钢结构。奇怪的是，主要结构都暴露在房子外边。看得见它的钢柱子、钢梁、钢拉杆等，大楼像是被谁用钢条钢索五花大绑起来。在临街那个立面上，钢构架上还不加遮挡地挂满各种设备管道。红色的是电梯等交通设施，蓝色的是空调设备和管道，绿色的是给排水管网，电气设备和管线是黄色的。五颜六色，琳琅满目，全挂在建筑物的临街立面上，复杂凌乱。记得那一天，笔者沿人行道走过去，到了蓬皮杜中心的楼下，就像到了工厂区，身旁就是大变压器，铁丝网上挂着"高压电，危险"的警告牌。既然危险，你干吗把它放在人行道边呢！这时正好有一队小学生走过来，孩子们走在钢柱和管道旁边，像是参观炼油厂。

　　蓬皮杜中心没有通常公共建筑物那种明显的入口。在面临空场的正立面上斜挂着巨大的透明管子，管子里装自动扶梯，圆形管口在地面，人进去，自动电梯便把你送到你要去的那个楼层。入口就是管子的断口。一层另有一门，也不起眼。笔者是看见别人进去才跟着进去。

　　蓬皮杜中心里面什么样？笔者进去时馆内人不太多。许多人和笔者一样，东张西望，行色匆匆，显然是参观者。蓬皮杜中心内容很杂，许多地方用于陈列展品，像是博览会。室内结构也是暴露的，巨大的钢桁架就在头顶上，各种设备管线在其间蜿蜒盘旋，像是进入了大型的工厂车间。只有很少的固定墙壁。多数隔墙是活动的。许多地方只用栏杆和家具划分成小地盘。所以，指路牌和箭头特别多，告诉你前面是什么地方，怎样去厕所，哪里有出口。笔者的感觉蓬皮杜艺术与文化中心就是一个文化大超市。

两位建筑师在设计声明中说：

> 这个中心要成为一个生动活泼的接待和传播文化的中心。它的建筑应成为一个灵活的容器，又是一个动态的机器。它的目标是打破文化的和体制上的传统限制。[18]

蓬皮杜去世后，继任的德斯坦总统过问这项建筑工程，要求建筑师把那些暴露在外的建筑设备和机电管线从立面上拿掉。两位建筑师不愿意，他们以"钱不够了"为由不肯照办。那么，建筑师皮亚诺和罗杰斯两人为什么把蓬皮杜中心做成那种样子？

是不是他们太重视技术问题和经济问题而忽略了建筑形象问题？或许把设备和管线放在外立面上是为了工人安装和检修方便？室内不做吊顶是为了节省投资？把蓬皮杜中心内部做成大车间和大仓库有什么好处呢？

在评选方案时，图书馆专家不赞同仓储式的布置；博物馆专家要有固定墙面和顶棚的陈列室，都被建筑师拒绝了。两位建筑师对蓬皮杜中心怎么想的呢？

罗杰斯宣称：

> 我们把建筑看成是永远变动的灵活的框子。我们又把建筑看成架子工搭建的架子。我还把建筑看作是一个容器和装置。我们认为建筑应该设计得能让人在其中自由自在地活动。自由和变动性就是房屋的艺术表现。[19]

1973年，建筑师同记者谈话时说他们把蓬皮杜中心看作"一条船"。另一位补充说那是"一条货船"，而非一条客轮。

出现了这样的情况：蓬皮杜总统（及相当多的普通人）想要一个"看起来美观的真正的纪念性建筑"，而两位建筑师要把这个艺术与文化中心当成"一个框子"、"一个架子"、"一个图示"、"一个容器"、"一种装置"，以至"一条货船"来设计。不说南辕北辙，可也差得太远。道不同，不相为谋，没有办法。

依我看，蓬皮杜中心的大楼只是奇怪一些而已，不能说它丑。它上面所有的构件和部件，都是应该有的东西，不是画蛇添足，也没有用贵重的材料。它的怪，怪在把一般房屋本来收藏掩饰在暗处的东西翻挂到外面，把钢结构和设备管线尽量暴露在外。这样的做法先前有没有？有。工业建筑如化工厂、如炼油厂、如钢铁厂，都是这样。如果蓬皮杜中心不是艺术与文化的中心，而是蓬皮杜石化总厂，人们就不会觉得它怪。而如果造在巴黎郊区，更不会有人注意它了。所以，要批评的话，只能说蓬皮杜中心的缺点在于形式与内容不符；还有，没有照顾周围的原有环境。

可是，再想下去，要问，某种内容的建筑物非得用某种特定的建筑形式不可吗？这是谁规定的？在封建社会，皇帝们对此有硬性的规则。之后大家就遵从约定俗成的做法。约定俗成的东西不容易改变，但也不是永远都不变。要变须有带头者，要有先吃螃蟹的人。皮亚诺、罗杰斯两人给了蓬皮杜艺术与文化中心一副工厂式的形象，他们敢为人先，是建筑师中带头吃螃蟹者。

罗杰斯曾说："我们要把这个建筑做成好玩的，容易让人看懂的。"[20] 看懂不容易，好玩的目的显然达到了。蓬皮杜中心于1977年揭幕，其后的三年，来中心参观的人数超过参观卢浮宫和埃菲尔铁塔两处的人数总和。

在蓬皮杜中心之后，世界上继续出现了一些有工业建筑面貌的民用建筑物。香港汇丰银行总部（1980—1985年）即是一例，也是裸露结构、有工业建筑的特征。建筑界给这类建筑起了一个名字，叫"高技派"风格。这个名称不完全准确，因为它们采用的并非是现代真正的高技术。建筑是地上的不动的东西，不需要也用不起真正的尖端技术。建筑中出现这一派，是由于越来越多的人能够从审美角度看待工业技术和工业厂房，感受到其中的审美价值，人们的审美范畴扩展了。

裸露金属结构的做法在19世纪就有了，1889年巴黎博览会上的机器陈列馆即是一个例子，这座建筑本身在运用材料和结构方面有多少创造性呢？并不多。

无怪美国《进步建筑》的编者写道："法国报刊认为蓬皮杜中心是向着未来世纪的祝酒，其实，它不过是对昔日的建筑技术成就的致敬；与其说它在技术上预示着21世纪，不如说它表现了19世纪；与其说它是未来博物馆设计的先型，不如说它是19世纪法国展览会建筑盛期的摹本。"[21] 话说得挖苦，但系实情。

14.4 "解构派"

我们再看"解构派"（Deconstruction）建筑。"解构主义"原本是一种哲学派别的名称。

1966年，在美国大学的一次哲学会议上，法国哲学家德里达声称结构主义已经过时，提出解构主义哲学（Deconstruction）。

结构主义哲学说的结构不是房屋中的结构，其含义非常广泛。哲学家说，"**两个以上的要素按一定方式结合组织起来，构成一个统一的整体，其中诸要素之间确定的构成关系就是结构。**"结构主义哲学家强调结构有相对的稳定性、有序性和确定性。[22]

有人说德里达把矛头指向柏拉图以来整个欧洲的理性主义思想传统。中国学者包亚明认为德里达"把解构的矛头指向了传统形而上学的一切领域，指向了一切固有的确定性。所有的既定界线、概念、范畴、等级制

外观

近景

内景

解构派建筑之例——达尔里波设计的美国圣迭戈自宅（1986年）

解构主义建筑之例——斯图加特大学太阳能研究所（1987年）

度，在德里达看来都是应该推翻的。"[23]

德里达是西方传统文化的颠覆者和异端分子，解构主义让人们用怀疑的眼光扫视一切，它是破坏性的、否定性的思潮。有人形象地说：解构主义者就像一个坏孩子，他把父亲的手表拆开，使之无法再修复。

德里达的理论出台，在西方文化界引起一阵解构热。在文学、美术、社会学、伦理学、政治学甚而在神学中都有反映，到处都有人在德里达的启示下进行拆、解、消、反、否等大翻个式的活动，到处都有坏孩子拆卸父辈的钟表。建筑界也有人跟进。

1988年3月，在伦敦泰特美术馆举行一次解构主义学术研讨会。会期一天。

在同年6月，纽约大都会美术馆举办解构建筑展览。展出七名建筑师的十个作品。人家问筹办人什么是解构建筑，他不正面回答，只说不是这不是那。到底是什么，说不清楚。

之后，有人对解构建筑（Decon architecture）进行研究。公认的解构派建筑师不多，数得上的大概有十几、二十来人。有的被别人看成解构主义建筑师，自己还不承认。只有一人自己打出解构建筑的大旗，傲睨自若。此人是美国建筑师埃森曼（Peter Eisenman，1932年—）。

埃森曼提出，解构的基本概念包括取消体系、反体系、不相信先验价值，能指与所指（词与物）之间没有"一对一的对应关系"。他说要运用解构哲学在建筑中表现"无"、"不在"、"不在的在"，等等。建筑创作中采用"编造"、"解位"、"虚构基地"、"对地的解剖"……云云。说："这是搞建筑的唯一途径。"[24]

埃森曼说得头头是道，但于别人是满头雾水。评论家詹克斯写道：

> ……回顾他（埃森曼）的发展历程，可以看出当代流行的哲学和思潮都对他有非常大的吸引力。他为了说明自己的目的，他有意地"误读"那些哲学与理论。埃森曼的建筑、文章与理论，都具有一种（令人）激动发狂的能量，似乎这样一来，便可造成一种真正的突破。[25]

德里达的解构哲学是严肃的学问。它在思想领域中，对已有的理论进行批判、消解、颠倒，至少有助于活泼思想，避免僵化。用之于纯艺术领域，即使无益，也无大碍，因为顶多让人看不懂或发笑，生活仍然照常，无伤也。

可是引到建筑中来，会怎样呢？

这需要分开看。对一个并不真盖的建筑设计，随你怎样解构都可以，反正是墙上挂挂，做个模型看看而已。

要真建造的房屋，就不同了。物质的方面不能随便解构，各种材料不能借口"能指与所指"不是一一对应，就胡乱使用；房屋的梁、柱、墙能随便颠覆消解吗？水管、暖气管、电线、电梯也不能拆解否定。最热衷解构的建筑师都不敢对这些硬碰硬的东西加以解构！

解构派建筑师解什么呢？他不敢解"工程结构"之构，他只是在建筑形象方面，做出"解"的样子而已。换言之，他只是解"构图"之构，非"工程结构"之构。

建筑物的形象构图不是建筑师工作的唯一内容，但确是建筑师的"看家本领"中的重要一项。建筑构图是建筑艺术性之所在。解构主义建筑师如埃森曼，不肯坦承自己是在形象构图方面玩解构，而拿玄而又玄的话语粉饰自己。

解构主义建筑之所以被看成"解构主义"建筑，主要在于它的形象，它们的形象有些什么特征呢？

解构建筑的形象大都有以下的特征：

一是**散乱**。解构建筑在总体形象上一般都显得支离破碎、疏松零散，边缘纷纷扬扬，犬牙交错，在形状、色彩、比例、尺度、方向的处理上极度自由而混杂。避开建筑学中一切已有的法式、程式和秩序，不用轴线，不用团块组合，努力叫人摸不着头绪。

二是**残缺**。不求齐全，力避完整，有的地方故作破碎状、残损状、缺落状、不了了之状，令人愕然。处理得好，可能有点缺陷美。

三是**突变**。解构建筑中的各部分和各种要素的连接常是很突然，没有预示，没有过渡，生硬、牵强、风马牛不相及。好像都是偶然地、碰巧地撞到了一起。为什么这个样子，不必问了。

四是**动势**。大量采用弯曲、扭转、倾倒、波浪形等具有动态的形体，从而造出失稳、失重的姿势，好像马上就要滑动、滚动、旁移、翻转、坠落以至要坍塌的架势。同传统建筑稳重、端庄、肃立的态势相比，是反其道而行之。有的地方也给人以轻盈、活泼、灵巧以至给人潇洒、飞升的印象。

五是**奇绝**。建筑师在创作中总是努力标新立异，这很正常。倾心解构的建筑师则变本加厉，可以说到了无法无天的地步。绝不重复别人做过的东西，竭力超越常规、常法、常理、常情。他们处理建筑形象如耍杂技、亮绝活。大有"形不惊人誓不休"的气概，总想让人惊诧叫绝，叹为观止。在他们那里，反常成了正常，正常变为不正常。

还可以举出更多的特征，但以上五点最突出。一个作品不一定五点俱备，不同建筑师有不同的偏重。

无怪乎在1988年纽约"解构建筑展览"的留言簿上，有观众写道："**那些建筑模型像是在搬运途中碰坏的东西**"，另一位说："**那些建筑鸟瞰图好像是从空中看损坏的火车残骸。**"

埃森曼设计的美国俄亥俄州立大学艺术中心是典型的解构主义建筑，散乱、残缺、突变，形势奇绝几方面都突出。

蓝天组（Coop Himmelblau）在维也纳一座老房子顶上添建的新会议室，以动势和奇绝为特色。那新添的部分看着几乎要滑落下来。哈迪德（Zaha Hadid）做的香港山顶俱乐部建筑方案则以散乱动势见称。

"解构"这个哲学名称进入建筑领域时间不长。人们对解构建筑的认识还不一致，这个词内涵深浅不同，外延宽窄不一。不同人，不同作品，"解"的程度不一样，多数是沾点边而已。军队有"准尉"，地理学中有"准平原"。《现代汉语词典》解释"准"字的一种含义是："程度上虽不完全够，但可以作为某类事物看待的。"唯此，我们可以说许多解构建筑是"准解构建筑"。

稳戴"解构建筑师"帽子的人也不多，多数是"准"字辈。一会儿是，一会儿不是；同一时期做的几个作品，有的解构，有的不解构；专职解构者少，间或解构者多；专心致志者寡，三心二意者众。建筑界中其他的"主义"、别的"流派"，也是如此。总之，不可把人看死。

14.5 "混沌"和"非线性"建筑

三百年前，牛顿（1643—1727年）发表《自然哲学数学原理》，他发现万有引力，提出力学三大定律。20世纪初，爱因斯坦提出相对论，普朗克、波尔等发展出量子力学。接下来一段时间，人们认为牛顿力学、相对论力学和量子力学分管不同层次的运动，三种力学合起来可以圆满地说明

北京凤凰国际传媒中心内景

问题。宇宙似乎还是清楚明确、井然有序的。

然而，科学的进展改变了人的认识。自20世纪中期，科学界陆续出现了许多新的概念、新的词语、新的学科分支，如系统科学、复杂性、非线性、混沌、分形几何……研究不断深入，新概念和新学科持续出现。

这里，先对其中的"混沌"和"非线性"两词作一点粗浅的介绍。

1. 混沌

20世纪的科学将永远被铭记的有三件大事，就是相对论、量子力学与混沌。混沌是20世纪物理学第三个最大的革命。

混沌理论是关于复杂系统的重要理论。混沌（chaos）又作"浑沌"，指混乱而没有秩序的状态。混沌现象指确定的但不可预测的运动状态。有人指出，"一切无序现象都被忽视了，是被特别地忽视了。大自然的不规则的那一面，不连续的那一面，稀奇古怪的那一面，一直对科学是莫测之谜。"[26]混沌现象并非无序，它随机出现但包含有序的隐蔽结构和模式，宏观无序，微观上却呈现复杂的有序结构。混沌本是先用于解释自然界现象的，但在人文和社会领域中，因事物之间相互牵涉，混沌现象也尤多见。如股票市场、人生的跌宕曲折、教育过程（教育系统易产生无法预期的结果）。

1963年，美国科学家洛伦兹（Edward Lorenz）提出，人对天气从原则上讲不可能作出精确的预报。因为三个以上的参数相互作用，就可能出现传统力学无法解决的、错综复杂、杂乱无章的混沌状态。天空中的云、管子里液体的流动、河流的污染、袅袅的烟气、飞泻的瀑布、翻滚的波涛，都呈现出极不规则、极不稳定、瞬息万变的景象。从这类事物中观察到的是"犬牙交错，缠结纷乱，劈裂破碎，扭曲断裂的图像"。古典力学给出的确定的、可逆的世界图景其实是罕见的例外，而"混沌无处不在"，混沌是普遍存在的现象。

混沌学表明"我们的世界是一个有序与无序伴生、确定性和随机性统一、简单与复杂一致的世界。因此，以往那种单纯追求有序、精确、简单的观点是不全面的。牛顿给我们描述的世界是一个简单的机械的量的世界，而我们真正面临的却是一个复杂纷纭的质的世界，……。"[27] 世界是由多种要素、种种联系和复杂的相互作用构成的网络，具有不确定性和不可逆性。[28]

2. 非线性

有关复杂系统的另一概念是"非线性"。线性指量与量之间按比例、成直线的关系，在空间和时间上代表规则和光滑的运动，线性意味系统的简单性。非线性指的是不按比例、不成直线的关系，代表不规则的运动和突变。

"一般地说，非线性系统是不可解的。……非线性意味着你在做游戏之中不断改变游戏规则。……在流体力学中，有一个有名的方程叫纳维尔-斯托斯方程，它把流体的速度、压力、密度与黏度联结在一起，它是非线性的，所以这种关系的性质是非常难于刻画的，分析这种方程的性态仿佛是在迷宫里行走，而迷宫的隔板随你每走一步便更换位置。"

3. 建筑与混沌和非线性的关系

有人认为"非线性"涵盖"混沌"。科学界对混沌和非线性还在研究中，对其哲学意义还没有充分的开掘，但混沌、非线性已进入许多专业，渗透各个领域。例如，出现了非线性光学、非线性动力学、非线性编辑等新的研究方向和学科。

建筑是物质生产，包含科学技术，但同时又渗入人文-社会科学的因素。建筑学包含的因素和变数，量大面广，加上矛盾、差异和流变，建筑学的内容中既有清晰明确的规定，又包含弹性的处置之法。研习建筑的人既承继了前辈的学问，同时又受潮起潮落的时代和时尚的影响。建筑中有许多"模糊地带"和"灰色空间"，在一般建筑师的工作中，说一不二，简单明快，干净利落的时候不多。设计过程中，领导、领导之领导、甲方、乙方、丙方……方方面面都带来矛盾、争执、扯皮、改动。建筑师每一次做意义重大、要求复杂的建筑物的设计时，也像走在一座错综复杂的迷宫中，他动一笔，"迷宫中的隔板也随之变换位置"。他不停地东想西想、思前虑后，提出各种点子，大费周章。这是工作性质决定的。

建筑师们不会去深入研究混沌和非线性的学问，但是创作出了"非线性建筑"。目下非线性建筑造型有一些共同的特点：极度自由、极不规整、无规矩无准则可言、崇尚非欧几何的、蜿蜒的、破碎的、迷幻的、呈复杂混乱的形态，超常尺度的揉搓塑抹，翻腾动荡，显露偶然性、任意性、随机性，给人以突兀奇怪、匪夷所思、摸不着头脑之感。

事物都有两面性，这些奇特超常的建筑造型，突破常规老套，引人好奇。观者渐渐分化，一部分人摇头，另一些人见怪不怪之后，觉得新颖而有趣。千百年来，房屋建筑的总体差不多全是横平竖直，方正规矩；现在突破旧的格局，意味着创新，非线性建筑推出一种新的建筑形象。梁启超有一句话："其倏忽幻异，波谲云诡，益不可思议"，正好用来形容非线性建筑。这就给世界建筑艺术园地增添一种新华彩。许多人对之产生好感，表示赞赏，这是非线性建筑日益增多的原因之一。

人们对柔性的曲线、曲面向来有好感。古罗马以来，建筑中采用的大大小小、各式各样的拱券极大地丰富了建筑物的形象，增强了建筑的表现力。不仅如此，在欧洲巴洛克建筑风格盛行时期，有的建筑设计者还想方设法故意把平直的墙面、横梁做成起伏弯曲的形状。不过，受限于以往所用的材料性能、结构技术和施工技术，房屋建筑形象基本上以方正的格局为主。

现在情况有了变化，新的具有奇异性能的合成材料和有机材料不断产生，有用纳米技术在分子层面上发明和改进的建筑材料。结构科学的进展改变了过去长期遵守的欧几里得几何与笛卡儿坐标系。对建筑设计来讲影响特大的是计算机绘图的发展和使用，它不单是制图工具的改变，而且能扩展设计人的思维空间，发现更多的可能性，得到最优化、最个性化的建筑创意。计算机还改进了建造方式。盖里曾说，如果没有计算机，毕尔巴鄂美术馆那样复杂的建筑很难建造起来。

材料、结构的进步，计算机的使用使非线性建筑具有了与此前一般建筑很不一样的形象。先前的建筑物给人以实在、坚固、稳重、界面确定之感，非线性建筑则以流动、轻飘、虚空、通透、界面模糊为特色。

非线性建筑与原有建筑之间反差极大，怎么会这样呢？上面提到非线性建筑出现的物质条件，物质是基础，是必要条件，但还不够，关键还在于设计人的设计思想。显然，混沌和非线性的概念会进入当代建筑师的视野，但多数人不见得加以深究。建筑师的主要工作是造型，他们重视形象、形式、图形、图式。而我们打开任何一本关于混沌、非线性、分形、复杂性等等的著作，其中除了数学公式外，还有许多从自然界各种事物的内部、外部中得到的前所未见的奇异图形。其中有许多复杂、鲜艳、美丽的图形。这些图形会直接又自然地对建筑师创作非线性建筑有所启示。一位专家谈到现代艺术时说："在计算机时代之前……每一件艺术作品在过去都是用的几何学上直线的描述思路。……你现在看它，似乎一点也不喜欢它。在德国，他们建造大公寓的风格，就是火柴盒式的。……有了计算机，探索性图形成为现实。……轻松自如，得心应手。"[29] 这是"师法自然"的又一途径。当然，像以往一样，意趣相近的建筑作品间的相互影响和启示更为重要。

非线性建筑将如何发展？它将扩张蔓延，但肯定不会完全取代已有的建筑样态。首先是因为它们的成本高，不够经济，只能出现于经费宽裕的建筑物之中，不可能到处开花。

建筑评论家詹克斯（Jencks）说："非线性建筑将在复杂科学的引导下，成为下一个千年一场重要的建筑运动。"[30] 这个看法过于乐观了。与建筑业有关的因素太多太多，一种新兴的科学概念和学科不足以引出一场全面的"建筑运动"，但是新的概念，包括艺术、文学、科学，却能引出建筑艺术方面新的潮流、新的时尚。

像马克思和恩格斯指出的，近代以来，"一切新形成的关系等不到固定下来就陈旧了，一切固定的东西都烟消云散了……"[31]"非线性建筑"作为一种建筑风格，不可能绵延一千年，一百年都困难。

非线性建筑的形象，可以称之为现代版的"巴洛克建筑"。如果把中外古典建筑形象比之于中国古代书法的篆书、隶书，现代建筑比之为楷书、行书，那么，非线性建筑以其大开大合、腾挪跌宕、活泼豪放的造型特点可以说是相当于草书和狂草了。这样的建筑作品为世界建筑大花园增添新的耀眼的花朵，成为大家瞩目的有活力、有魅力的新亮点。

建筑师自己不研究混沌学与非线性学，可建筑师却越来越热衷于混沌和非线性，名为非线性的建筑作品也日见增多。根本原因在于房屋建筑不是自然物而是人造物，它们由人所造，为人所用，作出决断和评价的也是人。人有理性，又有感性，建造房屋时既依据客观条件，又无法摆脱主观的意愿，整个过程人言籍籍，既有理性的，又有非理性的，其中包含大量混沌与非线性的课题。

例如，举办一次建筑设计竞赛，在正常情况下，谁能准确预知结果呢？1956年，举办悉尼歌剧院设计竞赛的时候，谁能想到歌剧院建筑是那个样子！前些年，又有谁能预想到北京央视新楼是那个模样！洛伦兹说人对天气从原则上讲不可能作出精确的预报。建筑的走向与天气相似，也难以准确预报。

现在，研究自然界的科学家们已注意到自然界的混沌、非线性等性状。至于在社会、人文领域，因为事物相互牵扯，太多的事情，诸如人生的起伏曲折，教育的影响力，金融和股票市场的变动等等，早就知道无法准确预测。虽然没有混沌和非线性之名号，但早就有混沌和非线性之实。建筑也是如此。本来就具有混沌和非线性的性征。所以。建筑师对混沌和非线性满不在乎，早就习以为常，甚至乐得其所。如果失去或少了混沌，反倒不适应，还要把混沌找回来。

真会这样吗！是的，20世纪就出现过这样的事

美国建筑师文丘里在他的《建筑的复杂性与矛盾性》中说："我喜欢建筑要素的混杂，不要'纯粹的'；宁要折中的，不要'干净的'；宁要歪扭变形的，不要'直截了当'的；宁要'暧昧不定'，也不要'条理分明'……。"文丘里要求人们在建筑中"不要排斥异端"，"容许违反前提的推理"等等。他大力赞颂偶然的、意外的、杂凑而成的旧房屋，实际上他早就宣扬非线性，号召混沌。文丘里的"温和的宣言"是建筑史上罕见的坦率的"混沌宣言"，他早已举起了"非线性"建筑的大旗。

科学家研究混沌，是为了解决混沌产生的难题。建筑师与科学家不同，他们适应混沌和非线性，很喜欢借用混沌、非线性的奇特性状再度吸引人们的眼球。

14.6 美国建筑师盖里

近年来，有一位美国建筑师不断收到世界各大博物馆的馆长、大学校长、企业巨头们的邀请，请他设计建筑。不过只有少数人能如愿以偿，因为他忙不过来。有评论家说："他的作品是当今最激动人心的、最新颖的和最具创造性的建筑作品。"这位大师虽然红得发紫，却没有架子，不高谈阔论，不事张扬，还有点不修边幅，记者说他透着祖父般的慈祥，他说自己是个随和的人。

此人是美国建筑师弗兰克·盖里（Frank Gehry, 1929年—）。盖里于1954年大学毕业，后在哈佛大学读研究生，1961年起自己开业。一段时间，他的建筑很一般，他没有什么名声。20世纪70年代后期他渐渐令人注目，特别是1978年他把自己住的房子加工改造之后，引起了广泛的注意。盖里自己说，那座改造扩建的自用住宅是他事业上的一个转折点。

盖里的自宅在美国加利福尼亚州的圣莫尼卡，原是一幢普通的传统荷兰式的两层小住宅，木结构，坡屋顶。盖里改造时大体保留了原有房屋，而在东、西、北三面加建单层披屋。其中包括餐厅、厨房和日常进食的空间。用的材料都是极其普通而便宜的，不过是瓦楞铁板、铁丝网、木条、粗糙的木夹板、铁丝网玻璃等。与众不同之处是这些很粗糙的原材料全都裸露在外，不加处理，没有掩饰。形状极不规整，横七竖八，斜伸旁出，随便偶然，没有正形。厨房天窗从屋顶下沉，这下沉的天窗用木条和玻璃做成，很像是一个木条钉的方框从天上坠下，把屋顶砸出一个洞，木框卡在那个地方。其他添建的部分没有顶棚，木骨裸露。盖里把老房子原有的吊顶也拆掉，卧室的一处墙面打掉抹灰层，木板条裸露在外。添建的部分与保留的老房子，在用料上、在体形上，在风格、理念趣味上相差极大，不是一路货。

盖里自己讲他在20世纪70年代的追求时说：

"我对施工将完而未完的建筑物产生了兴趣。我喜欢那种未完成的模样。……我喜爱那草图式的情调，那种暂时的、凌乱的样子和进行中的情景，不喜欢那种自以为什么都得到最终解决的样子。"又说："我一直在寻找自己个人的语汇。我寻找的范围很广，从儿童的想入非非、不和谐的形式到看来不合逻辑的体系，对这些我都着迷。我对秩

序和功能产生怀疑。""如果你按赋格曲的秩序感、结构的完善性和正统的美学观来看我的作品，你就会觉得完全混乱。"[32]

事情真是这样。他的住宅改完后，街区的居民指斥盖里把垃圾丢到街上了。与盖里合作的房地产公司也吓着了。*"罗斯公司的家伙看了我的住宅吓跑了，他们说'如果你喜欢这样的东西，你就别干我们的活'。"*

虽然很多人不欣赏他的杂乱的住宅，但是，也有人欣赏他的那种又杂又乱的建筑风格，而且这样的人越来越多。从其自用住宅往后，他的建筑作品也都具有这种特点。并且变本加厉。

德国魏尔市维特拉家具厂的家具陈列馆（1987年）和明尼苏达大学魏斯曼美术馆（1993年）是盖里的作品。这两个建筑的形体都仿佛由许多奇形怪状的块体，像是偶然堆积和拼凑而成的，轮廓凸出凹入，高低不一，歪歪扭扭，从外部看去，如同一个复杂奇特、难以名状的有动感的抽象雕塑。

盖里为加州大学分校设计了一个建筑。人说那是"园中最丑陋的建筑"。校长回答：*"我并不要人喜欢它，但它能吸引人来校参观。"*副校长说：*"这座建筑对我们学校有积极作用，我们现在需要与众不同的建筑。……要令人醒目提神。盖里的建筑形象新奇，对观者有视觉冲击力，有刺激性，能引来社会的关注。"*

很多人原先没听说过西班牙海港城市毕尔巴鄂的名字，但自1997年10月那里的一座新建筑落成后，这个城市的名字在世界上广为传播。

新建筑是古根海姆博物馆，是盖里的又一名作。

博物馆建筑面积2.4万平方米，下部比较规整，上面则异常复杂、歪扭，复杂到没法用语言描述的地步；歪扭得好似一个大怪物。那复杂歪扭的外表面全用钛金属。这个博物馆像是从天外来的披着熠熠银光的铠甲的怪物。

博物馆建筑造型极度不规则，它里面的结构自然非常复杂，内部的钢构件没有两件长度相同的。这样的建筑物的设计图没法用手绘制，全靠电脑。实际上，没有电脑的时代出现不了这样的建筑形象。

盖里的建筑造型特征包括我们前面讲过的解构建筑的特征：即散乱-残缺-突变-动势-奇绝，但又有他明显的个人特点：他惯于将大小不一的、

外观

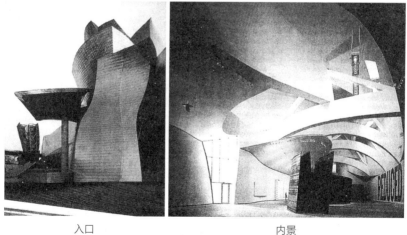

入口   内景

西班牙毕尔巴鄂古根海姆博物馆（1991—1997年）

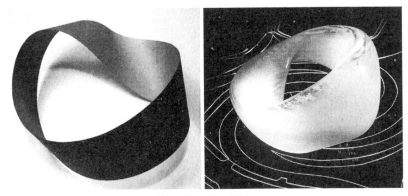

莫比乌斯环概念模型

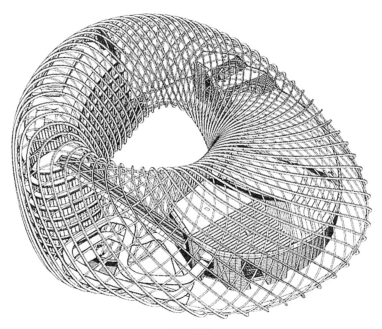

BIM模型

卷曲的块体，成堆成簇地、杂乱地聚集在一起，整个形体具有强劲的、飞扬飘动的、波浪似的超常动势。

盖里为什么把建筑物设计成这种样子？他怎么想的？

1976年，盖里说："不存在规律，无所谓对，也无所谓错。什么是丑，什么是美，我闹不清楚。"他主张建筑师从"文化的包袱下解脱出来"，他倡导"无规律的建筑"（no rules architecture）。

1979年，关于房子及业主，他说："我对业主的要求也有兴趣，但它不是我为他创建房屋的基本驱动力。我把每一幢房子都当作雕塑品，当作一个空的容器，当作有空气和光线的空间来对待，对周围环境、感觉与精神作出适宜的反应。做好以后，业主把他的行李家什和各种需求带进这个容器和雕塑品中来，他与这个容器相互调适，以满足他的需要。如果业主做不到这点，我便算失败。"[33]

1985年，盖里在一次谈话中说："事物在变化，变化带来差别。不论好坏，世界是一个发展过程，我们同世界不可分，也处在发展过程之中。有人不喜欢发展，而我喜欢。我走在前面。""有人说我的作品是紊乱的嬉戏，太不严肃。……但时间将表明是不是这样。""我从大街上获得灵感。我不是罗马学者，我是街头战士。"盖里提倡对现有的东西采取怀疑的态度，"应质疑你所知道的东西，我就是这样做的。质疑自己，质疑现时代，这种观念多多少少体现在我的作品中。""我们正处在这样的文化之中，它由快餐、广告、赶飞机、叫出租车等组成——一片狂乱。所以我认为我的关于建筑的想法可能比创造完满整齐的建筑更能表达我们的文化。另一方面，正因为到处混乱，人们可能更需能令他们放松的东西——少一些严肃压力，多一些潇洒有趣。""我不寻求软绵绵的漂亮的东西，我不搞那一套，因为它们似乎是不真实的。……一间色彩华丽漂亮美妙的客厅对于我好似一盘巧克力水果冰淇淋，它太美了，它不代表现实。我看见的现实是粗鄙的，人们互相齿噬。我对事情的看法源自这样的观点。"[34] 盖里的庞大怪物完全超出常见的建筑，他用的设计方法也与前不同。他说他能画漂亮的渲染图和透视图，但后来不画了。他用单线条画草图，作纸上研究，随即做出大致的模型，然后又在纸上画，再做模型研究，如此反复进行。到最后，因为业主非要不可，"我们才强迫自己做个精致的模型，画张好看的表现图。"盖里说他的工作方法与步骤同雕塑家类似，主要是在立体的形象上推敲。

毕尔巴鄂古根海姆博物馆刚落成时，人们对那覆盖着闪亮的钛金属的扭曲的庞大建筑深感诧异。当地人反应不一。喜爱的人说它是"一朵金属花"，不欣赏的人说它像"一艘怪船"。博物馆当局估计第一年会有40万人来馆参观，实际来了130万人。后来去请盖里的客户希望的就是希望盖里在他们的建筑物上重现毕尔巴鄂的神奇手笔。

盖里的出名与走红，主要是由于他在建筑形象方面大胆的标新立异。

2004年4月8日至5月7日，北京中华世纪坛艺术馆举办名为"沸腾的天际线——弗兰克·盖里和美国加州当代建筑师的视界"的展览，请柬上说展出内容是"20世纪最后30年最富色彩、最富动感、最有影响力的建筑奇人弗兰克·盖里和他的同道们"的建筑作品。

中国迄今还没有出现盖里设计的建筑物，但这次展览表明盖里的影响已经超出中国的建筑院校，开始向中国公众扩展了。盖里的影响可谓无翼而飞了。

第15章

建筑形式美变异

15.1　建筑形式美

"形式美"一词通用已久，人们对形式美有多种理解。

一本美学著作写道：

> 广义地说，形式美就是美的事物的外在形式所具有的相对独立的
> 审美特性……狭义地说，形式美是构成事物外形的物质材料的自然属
> 性（色、形、声）以及它们的组合规律（如整齐、比例、对称、均衡、
> 反复、节奏、多样的统一等）所呈现出来的审美特征。……狭义的形
> 式美，是指某些既不直接显示具体内容，而又有一定审美特征的那种
> 形式的美。[1]

许多人把形式美的某些样态绝对化了。古希腊的毕达哥拉斯学派提出
边长为5∶8的矩形最令人满意，是所谓"黄金分割律"，把这个比例关系绝
对化了。

形式美理论提到的整齐、比例、对称、均衡、反复、节奏和多样统
一，对于创造各类艺术作品，包括建筑形象在内，都是重要的可以运用的
因素及关系。但都不应看作唯一的、绝对的、固定的法则、规律和模式。

为什么？

柳宗元说，"美不自美，因人而彰。"

"形式美"彰或不彰，关键看人。人有思想有文化，思想文化有差异。
接受与否、赞赏与否、喜爱与否，全在于人，在于人的选择。因此，形式
和形式组合的效果，一方面，看形式的自然属性；另一方面，要看受众是
何许人也。故而，形式和形式组合的效果如何，一看它的自然性，二看它
的人文性，即文化性，即社会性。

人、社会、文化是变动的，所以不存在固定不变的、普世的"形式美"。一位学者写道，"审美活动是一种对象化活动，美并不能存在于客观的物中，……而只能形成于联结主体与客体的审美经验中。通常人们只知道没有审美客体就没有美，殊不知仅有客体没有进行审美观照的主体同样没有美。"[2]

其实，人造物的形式美是人创造的。艺术品创作之始，创作者的主体意识即已融入作品之中，即带有主体需要和审美意识的烙印。人们参观美国匹兹堡市山中的"流水别墅"，除了感受建筑结构和环境本身的特色外，更重要的是建筑师赖特的非同一般的才能、智慧和创造性，它们已经物化在那座著名的建筑中了。

15.2 传统形式美——变异

讲美学和建筑艺术的教材和专著，无不谈到形式美的法则或规律。这些都告诉学建筑的学生，处理建筑体形最重要的是统一、和谐、完整。建筑构图若是非对称的，则务必做到均衡。建筑物的大处和细部都要仔细推敲尺寸和比例，一切要以人体尺度和活动方便为出发点等。

这些认识大多是从许多存在的公认的建筑佳作中总结出来的。历史上，建筑类型较少，发展变动缓慢。这样的社会时代背景容易产生"天不变，形式美亦不变"的观念，以为"形式美"是固定和普世的东西。

近代以来，世上一切方面加速发展，事物快速更迭。人们对"形式美"的看法也发生变化和变异了。

20世纪，塔伯特·哈姆林（Talbot Hamlin）编著的《20世纪建筑的功能与形式》[3]是一部建筑理论方面的巨著，在第二卷中，哈姆林告诫说：

> 建筑师的职责是始终让他的创作保持尽量的简洁与宁静……。人为地把外观搞得错综复杂，所产生的效果恰恰是平淡的混乱。
>
> 最常犯的通病就是缺乏统一。这有两个主要的原因：一是次要部位对于主要部位缺少适当的从属关系；再是建筑物的个别部分缺乏形状上的协调。
>
> 巴洛克设计师有时喜欢卖弄噱头……有意使人们惊讶和刺激……

可是对我们来说，这些卖弄噱头的做法，压根儿就格格不入，而且其总效果压抑、不舒服。……不规则布局的作者追求出其不意的戏剧式的效果……然而他却常常忘掉的是，使人意外的惊讶会使人受到冲击、干扰和不愉快，并不会使人振奋而欣喜。

建筑师们总想完成比较复杂的构图，但差不多老是事倍功半……很明显，要是涉及超过五段的构图，人们的想象力是穷于应付的。

假如一件艺术作品，整体上杂乱无章，局部里支离破碎，互相冲突，那就根本算不上什么艺术作品。

哈姆林的著作出版后仅仅过了十四年，美国建筑家文丘里在1966年就出版了他的著作《建筑的复杂性与矛盾性》[4]。关于建筑造型，文丘里向建筑师推荐一套与哈姆林相反的做法。

文丘里鼓吹"宁要混杂，不要纯净"；"宁要'一锅煮'，不要清爽"；"宁要暧昧不定，不要条理分明"；"宁要自相矛盾，模棱两可，也不要直率和一目了然"，"赞赏凌乱而有生气，甚于明确统一"，"容许违反前提的推理"，"喜欢有黑也有白，有时呈灰色的东西，不喜欢全黑或全白"，"作品不必完善"，"建筑可以平庸"，"不要排斥异端"，"矛盾共处"等。他举出的具体的建筑处理手法有：

——不协调的韵律和方向；

——不同比例和尺度的东西的"毗邻"；

——对立的和不相亲的建筑元件的"堆砌"和"重叠"；

——采用"片断"、"断裂"、"折射"；

——"室内和室外脱钩"；

——不分主次的"二元并列"，等等。

哈姆林和文丘里上述言论都是关乎建筑形式美的，两书间隔仅十四年，而观点的差别竟是那么大，许多主张还是对立的。

如果我们拿西班牙的毕尔巴鄂古根海姆博物馆（1997年）与纽约几座老博物馆加以比较，或将北京的"央视新楼"与北京的电报大楼（1958年）作一比较，说当下出现了建筑史上罕见的极速变异，并不为过。

环顾当今世界上抓人眼球的建筑名作，大多数建筑设计师都跟文丘里先生跑了。很少有人还听哈姆林老师的谆谆教导。呜呼，没法！

第16章
20世纪的三座著名建筑

16.1 巴塞罗那博览会德国馆（1929年）

密斯设计德国馆时，走的是一条新与旧、现代与古典、形式与技术结合的路子。我们看他是怎样做的。

德国馆有一个基座平台，平台长约50米，西端宽约25米，东端宽约15米。平台大致一分为二，德国馆的主体建筑偏在东面，西面有较大的院子，院子北侧有一道墙，墙的后面有小杂务房。院子的大部分是一片长方形的水池，水很浅。基座东部立着8根钢柱，构成3个大小相同的开间。8根柱子顶着一片平板屋顶，长约25米，宽约14米。屋顶下面是道有纵有横、错落布置的墙片。

我们说墙片，因为这里的墙与一般建筑物的墙不一样，它们真的是薄薄的、光光的、平平的板片。有几道墙片是石头的，厚10多厘米，另几道是大片玻璃墙，就更薄。这些墙片板横七竖八，大多相互错开而不连接，像是立体的蒙德里安抽象画。从结构的角度看，这与中国传统木构架房屋的原理相似，墙不承重，可有可无，因而可随处布置，随意中断，随便移动。虽然不动，却有动势，在人的视觉中有动态。密斯采用横竖错落的平面布置，益发加重了这种动态。

这一部分就是德国馆的主厅。它内部的空间不像普通房间那样封闭和完整，这儿实际上没有"间"的概念。小建筑也没有通常意义的"门"，有的只是墙板中断而形成的豁口，因而非常开敞通透。这儿和那儿，这边和那边，没有完全的、确定的区分。处处既隔又通，隔而不断，围而不死，不仅内部空间环环相连，而且建筑内外也很通透。所以你在其中可以不受阻拦地从这一空间进到另一空间，同样，还可以从室内转到室外，从室外进到室内。加之有大片玻璃墙，视觉上更是异常通透，觉得内外是连通的。传统房屋有很多封闭空间，德国馆则处处通透。由此产生一个现代建

外观

山水院　　　　　　　　　　　内景

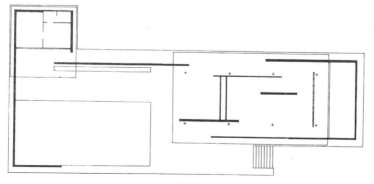

平面图

巴塞罗那博览会德国馆

筑常用的术语，即"流通空间"，或"流动空间"。

比如，德国馆的东端，有一个由主厅的墙板延伸出来而围成的小院，小院里有一片小的浅水池，是一个小的水院。这小水院与德国馆主厅之间有一道玻璃墙和两个豁口。因而水院与主厅有分有合，隔而未断，实际串通一气。虽然内外有别，但空间流通，区别仅在一个有顶，另一边无顶而已。

德国馆空间布局巧妙，人在其中自由灵便，步移景随，与中国苏州园林有相通之处。

德国馆的许多构件、部件的形式和连接方式与传统建筑不同。德国馆的屋顶是刚度很大的一片薄板，由8根钢柱支承。8根钢柱的断面为十字形，细细的柱子，闪烁着金属的光泽，从底到顶没有任何变化。传统房屋的墙、柱与屋顶之间一般还有横梁之类的构件，但在这里什么也没有，什么也不需要，柱和墙直接与屋顶板相遇，也没有任何过渡性的处理，柱子与屋顶板和地面都是简单地相接，硬碰硬，干净利落，墙板也是如此，这样就给人以举重若轻、若即若离的感觉。德国馆的8根柱子完全独立，即使离墙很近也不相连。起支承作用的柱子与分隔空间的墙板，你归你，我归我，清晰分明。这种处理方式，近乎钢琴演奏，音符清楚干脆，不同于小提琴的连续缠绵。

德国馆有石墙、有透明的和半透明的玻璃墙，石墙上不开窗，没有传统意义上的窗。天光透过玻璃墙片进入室内，玻璃墙起窗的作用，窗扩大成了透光的墙。

德国馆的所有构件和部件本身体形都极简单而明确，相互之间的连接也处理得极其简洁，干净利落。历史上讲究的建筑，无论中国和外国，都有用许多装饰，有的做得十分复杂，到了烦琐的程度。欧洲和拉丁美洲的巴洛克式建筑就是例子。可以说人们从没见过德国馆这样贵重神气却又非常简洁清爽的建筑形象。

密斯在德国馆中运用的这些建筑处理手法，在很大程度上与使用钢材有直接关系，如果只有土、木、石、砖，便出不来那种挺拔、简洁、有力的形象，即便采用钢筋混凝土结构，也难出现那样细巧的形象与风度。当然，优质的大玻璃也是不可少的。另外，长时期来西欧新艺术的出现，社会文化心理的转变，以及人们审美情趣的变化也是必要的条件。物质材料属于硬件方面，艺术、文化、审美心理等是软件，缺一不可。

有一点要指出的，也是非常重要的，即密斯设计的德国馆既大胆创新走新路，同时又在一些地方吸收了历史上古典建筑的一些形式和做法。

其一，古希腊的神庙建筑有基座。德国馆也有石质的基座，入口的台阶也属传统做法。

其二，德国馆屋顶伸出相当大挑檐。有一段时间，人们把新建筑叫作方盒子，就是由于当时的新建筑很少有挑檐，很像盒子，同一个世博会中那座德国工业馆就像盒子。而这座德国馆有屋檐伸出，便完全打消盒子的联想。

其三，尽管德国馆的具体形象与老式建筑相差很多，但自下而上的基座、屋身和挑檐形成三段式划分。有了这个三段式构图，立即显示出它与传统建筑之间存在一定的联系，虽然一般人不一定明确意识到这一点，但却会因见到熟悉的成分而产生亲切感。

其四，20世纪20—30年代，新派建筑师重视运用新建筑材料，很少加用传统建材，这一方面与财力有关，另一方面也与不肯同旧东西沾边的观念有关。密斯则不然，他在德国馆中用了许多贵重石材。地面铺的是意大利灰华石，墙面选用了几种大理石。一般用暗绿色带花纹的大理石，主厅内的石墙特别选用缟玛瑙大理石。用了这些名贵石材，德国馆的格调便上了档次，显示典雅高贵的同时，又与传统建筑多了一层联系。

其五，德国馆东端水院的水池一角，置有一尊雕像，它不是时髦的抽象雕刻，而是一个古典的写实的女像。水面之上，大理石壁之前，在人们视线聚焦的转角处，这座传统的雕像向人们表示：古典艺术在这儿依然受到尊崇。

德国馆其他部位的用料也都非常贵重考究。玻璃墙有淡灰色的和浅绿色的，有一片还带有刻花，另一片是在玻璃夹墙内暗装灯具。浅水池的边上还衬砌黑色的玻璃砖。闪亮的镀铬钢柱精致细挺，与白色屋顶板对比衬托，在从池面反射来的光线的闪映下，楚楚动人。

德国馆里只有几个椅凳和一张小桌，再没有什么陈设。对于那几件家具，密斯精心做了设计。椅凳用镀铬钢材做支架，尺寸宽大，分量很重，上置白色的贵重皮垫，造型简洁而高贵。它们被特称为"巴塞罗那椅"，至今仍有著名家具公司当作精品小量出产，受到鉴赏和收藏家的青睐。

这一切合起来，使德国馆这座崭新的现代建筑具有一种典雅贵重、超凡脱俗的气度。这样的既现代又古典的建筑艺术品质，使它既获得新派人士的赞美，也让老派人士折服，成为一件建筑艺术的"现代经典"之作。一位建筑评论家说，密斯创作了巴塞罗那德国馆，即使他再没有其他作品，也能够名垂建筑历史。

在1929年巴塞罗那世博会期间，德国驻西班牙大使曾在德国馆内接待过西班牙国王与王后。可能因为这个馆内没有展品，当时并不是博览会中的参观热点，一般人来德国馆的并不多。

20世纪后期，在讨论中国文化的发展问题时，哲学家张岱年提出"综合创新"的理论。看来，密斯在20世纪20年代，在巴塞罗那世博会德国馆的建筑创作中已经意识到这个问题。他把工业与艺术、现代与古典融合在一起，推出了这座堪称现代经典的建筑作品。

1929年，巴塞罗那世博会结束后，德国馆只存在了几个月就被拆除了。大理石运回德国，钢材不要了。但是全世界学建筑的人没有忘记它，仍时时追念它。过了26年，一位年轻的西班牙建筑师博西加斯于1957年写信给住在芝加哥的密斯，提出重建巴塞罗那德国馆的问题，密斯同意了，但因经费巨大，事情搁置下来。又过了十多年，到20世纪70年代，又有两位西班牙建筑师建议重建，以纪念德国馆建成50周年，仍然未能落实。1981年，最早写信给密斯提议重建的博西加斯，当上巴塞罗那市的城市部部长，他发起创立"密斯-德国馆基金会"，向各方募集资金，决心重建德国馆。

密斯于1969年去世。在重建过程中遇到了一系列问题。如当年的德国馆起初没有门，后来由密斯加了门，现在是要不要有门？商量下来决定照初时的样子不装门，但新建的德国馆是对外开放的场所，便安装了电子监视设备。原馆的柱子外包镀铬钢片，不耐久，现在改用不锈钢材料，效果接近。原用的绿色玻璃，从仅有的黑白照片上很难确定是哪一种绿色。便找来多种绿色玻璃，在天光下拍出黑白照片，再与原来的黑白照片一一比对，选出颜色、质感、透明度最接近者使用。现在，终于有了和原作几乎一模一样的巴塞罗那德国馆，可供人们实地观摩、欣赏，不能到现场去的人也有彩色照片可看了，这是当代建筑界的善举和美事。密斯设计德国馆时，走的是一条新与旧、现代与古典、形式与技术结合的路子。

16.2　流水别墅（1936年）

　　美国建筑师赖特的著名建筑作品"流水别墅"在宾夕法尼亚州匹兹堡市东南郊，那里地形崎岖，林木茂密，景物幽深。别墅所在的地点叫"熊跑"（Bear Run），一条溪水在小峡谷中穿流，溪谷两边地势起伏，怪石嶙峋。

初春的流水别墅

900年前，宋代欧阳修有篇文章写着："山行六七里，渐闻水声潺潺……峰回路转，有亭翼然临于泉上者，醉翁亭也。……野芳发而幽香，佳木秀而繁阴，风霜高洁，水落而石出者，山间之四时也。朝而往，暮而归，四时之景不同，而乐亦无穷也。"[1] 在匹兹堡，人们看见，翼然临于泉上者，美国建筑大师赖特的杰作"流水别墅"也。周围环境也是同样幽雅异常，美不胜收。

那片崎岖幽美的山林，是当年匹兹堡市富商老考夫曼的产业，他想在此处造一所房子，作为周末家庭度假之用。此公的儿子小考夫曼曾读过赖特的传记，钦佩之余，1934年到赖特那里拜师为徒。

小考夫曼将父亲老考夫曼介绍与赖特相识，两人成为挚友。1934年12月老考夫曼邀赖特到现场商谈建造别墅的事。赖特踏勘一天，特别看中溪水从山石上跌落，形成小瀑布的地点。他回到塔里埃森后不久，要老考夫曼尽快提供详细地形测绘图，要求把大岩石和15厘米以上直径的树的位置都标出来。地形图送到了，赖特又到现场去过一次。但赖特一直没有动笔。

中国宋代绘画中之"流水别墅"图

　　赖特并未闲着，他是在脑海中构思那未来的建筑。赖特这次要设计的建筑不是城市里街边的一般的建筑，而是造在大片自有山林中的一座别墅，看起来可以在这里，又可以在那里，有极大的自由度。但设计这座别墅建筑时必须认真细致地研究现场环境的条件与特点。中国人过去把这叫"相地"。明代造园家计成（字无否）著有《园冶》，认为"相地"是决定性的一步，指出"相地为先"。赖特踏勘现场，研究地形，重要工作是研究熊跑山石林泉的特点，及如何巧妙地利用那些特点，即是"相地为先"。

　　赖特强调建筑要与自然紧密结合，紧密到建筑与那个地点不能分离，不能移动，是专为那个特定场地量身定做的，要做到该建筑物好像是从那个地点生长出来的，赖特把这叫作"有机建筑"。

　　1935年9月的一天，老考夫曼决定去访问赖特以便探听究竟。赖特听说业主要来，立即坐到绘图桌旁，用15分钟勾出第一张草图，然后屏退众人，独自工作。第二天早餐时，大家看到了全套草图。经过数月的构思，赖特已打好腹稿，胸有成竹，画起来是快的。

　　在有好看的水流或瀑布的地方，通常的做法是把建筑放在对面或边旁，让人能方便地看到它们，叫作观景或观瀑。

　　计成说"卜筑贵从水面"。有幅宋代山水画，画中一座木构建筑真正站在流水之中，房子有窗帘或障壁，可说是中国古代的流水别墅。不知当时是否真有过这样的房屋，无论如何，这幅宋画表达出中国人热爱自然，希望在建筑与水之间，即在人与水之间，形成尽可能亲密的关系。亲水性是中国人的一种古老传统。在这一方面赖特的思想和中国传统相通。要让考夫曼的别墅有最大的亲水性是赖特设计的出发点。

　　把建筑悬架在小瀑布的上方，从某个方向看去，水像是从建筑下面跑出来的，"明月松间照，清泉石上流"，流到岩边跌落下去，成小瀑布。

　　赖特拿设计草图给老考夫曼时说：

　　　　我希望你不仅是看那瀑布，而且伴着瀑布生活，让它成为你生活中不可分离的一部分。看着这些图纸，我想你也许会听到了瀑布的声音。

　　赖特何以能把房屋悬在溪流瀑布的上面？

　　这全靠钢筋混凝土悬臂梁的悬挑能力。赖特在设计流水别墅时充分发

建筑拥抱自然

挥了钢筋混凝土悬臂梁的长处。

别墅的第一层最宽大，主要是起居室和餐室。左右都有平台。室内还设有一个向下去的小吊梯，让人能下到溪流中戏水。流水别墅的墙体是用当地灰褐色片石砌筑的毛石墙，石片长短厚薄不一。几道石墙在整个建筑形象中是为数不多的竖向元素。

我们见到的流水别墅，是世界建筑史上从未见过的建筑。呈现在人们眼前的是以横向的栏墙、檐板与竖向的毛石墙体的奇特的组合体。横向元素多而亮丽，是主调。毛石墙作为竖向元素，深沉、敦实、挺拔，数量不多，却十分重要，它们把房子与山体锚固在一起。在大构图中，那两道垂直的石墙像主心骨一样，团结、聚合其他成分，起着统领全局的轴心作用。

流水别墅特别出色的地方在建筑与自然的关系。流水别墅左伸右凸，伸展手脚，敞开胸怀，热情拥抱自然。它与岩石联结紧密，它让溪水从身底流过，它的平台伸在半空中，与树林亲密接触。建筑与山石林泉犬牙交错，互相渗透，你中有我，我中有你。流水别墅在这片优美的山林中，有点像鸟在空中，鱼在水中，令人感到舒畅。

流水别墅的建筑构图中，有许多鲜明的对比：水平与垂直的对比；高与低的对比；平滑与粗犷的对比；实与虚的对比；明亮与昏暗的对比。多重对比使建筑形象生动而不呆板。

人爱自然，但自身需要保护。流水别墅的内部，有些地方给人窝的感觉。起居室的地面铺的是当地的片石，壁炉前露一大块原来的岩石，卧室等处也露有天然岩体，显露几分野趣，这些做法给别墅内部带来原始洞穴的情调，仿佛是20世纪的洞天福地，真够意思。

起居室

室内一角

楼上小卧室

流水别墅室内

　　"仁者乐山，智者乐水。"住在流水别墅里的人兼而有之。别墅与山林既对立又融合，计成说好的造型应做到"虽由人作，宛自天开"，赖特的流水别墅就给人这样的印象。

　　中国人看这座美国的流水别墅，容易联想起中国古诗中的名句，如唐代王维《山居秋暝》中的"空山新雨后，天气晚来秋。明月松间照，清泉石上流。"更想起计成在《园冶》中提出的许多造园的指导思想。如计成说："园地惟山林最胜，有高有凹，有曲有深，有峻而悬，有平而坦，自成天然之趣，不烦人事之工。""园基不拘方向，地势自有高低……高方欲状亭台，低凹可开池沼，卜筑贵从水面，立基先究源头。……临溪越地，虚阁堪支；夹巷借天，浮廊可度。……相地合宜，构园得体。""虽由人作，宛自天开"，等等。[2]

　　不难看出，计成的这些观念和构思在流水别墅中都有具体的体现。20世纪美国建筑大师的设计处理竟与16世纪中国造园大家的思路观念如此近似和相通，实在令人惊讶。那年笔者参访流水别墅，正值隆冬腊月，冰天雪地。水已不流，瀑布结成冰幔，大冬天，参观的人仍是络绎不绝。

流水别墅雪景

流水别墅的建筑面积约400平方米，平台另算，约300平方米，占很大比例。这些平台在外观上非常显著，人在平台上观望，山林美景围绕着你，就在身旁，有的还在你的脚下，这与在地面上观景不同，人在平台边张望，好似到了半空。

流水别墅的造价不菲，按当时的币值，老考夫曼原本打算花3.5万美元，但是打不住，终于花了7.5万美元。内部装修又花去5万美元。赖特曾劝告考夫曼："*金钱就是力量，一个大富之人应该有气派的豪宅，这是他向世人展现身份的最好方式*"，老头点头。

当年老考夫曼曾有不少担心的地方。1936年1月。施工图完成。老头背着赖特请匹兹堡的结构工程师审图，工程师们置疑结构的安全性，提出38条意见。

赖特看了工程师的意见书非常生气，要考夫曼退还图纸，说他不配住这样的别墅！后来是老头子让步。别墅于1936年春破土动工，施工期间赖特四次来到现场。但老头子为安全起见，让工人偷偷地在钢筋混凝土中放进比赖特规定数量更多的钢筋。

1937年秋天别墅完工。别墅竣工之前已引起各方的注意。考夫曼接待的第一批访客中有纽约现代美术馆建筑部的主持者。他提议在美术馆里为流水别墅办一次展览。1938年1月展出了名为《赖特在熊跑溪泉的新住宅》的展览。美国《生活》、《时代》都介绍了这座史无前例的别墅建筑，建筑刊物更是予以热烈的关注。许多著名人物如爱因斯坦、格罗皮乌斯、菲利普·约翰逊等都来参观过。其后每年都有成千上万的人来此参观访问，截至1988年，参访者已达到100万人。各种媒体所作介绍不计其数。除了多种专著外，后来出版的现代建筑史书中无不包含对这座建筑的介绍和评论。

老考夫曼去世后，流水别墅由儿子小考夫曼继承。他曾在哥伦比亚大学讲授建筑史，他家的别墅即是他研究的对象之一。1963年小考夫曼把流水别墅捐赠给西宾夕法尼亚州文物保护协会。在捐赠仪式上他说：

这样一个地方，谁也不应该据为己有。流水别墅是属于全人类的杰作，不应该是私产。多年来，……流水别墅的名气日增，为世人所推崇，堪称现代建筑的最佳典范。它是一项公共资源，不能归个人恣情享受。

小考夫曼还曾写道:"伟大的建筑能改变人们的生活方式,也改变人的自身。"这句话,稍显过分,不过,就流水别墅而言,它的确改变了许多人的建筑观。

人会衰老,房屋建筑物也会衰败,流水别墅这样近乎耍杂技的房子,出现毛病是不奇怪的。流水别墅建成不久,就时有嘎嘎的响声。那是各种构件、部件磨合所致。下大雨的时候,房屋多处漏水,房主人要拿出盆盆罐罐接水。事实上,伸挑很远的平台早就出现下坍的现象。老考夫曼活着时就担心平台会垮下来,幸而没有发生。1956年8月,熊跑溪突发洪水,大水漫过平台,渗进室内,房子进一步受损。

虽有考夫曼家的细心维护,房子的状况仍越来越糟。宾夕法尼亚州文物协会接管后募集了充裕的资金进行修葺。1981年把屋顶换过。翻修了全部木器,等等。主平台下坍达18厘米,1997年不得不安装临时支架。1999年,协会请各方专家会诊流水别墅。决定采用后张预应力钢索加固结构。经过一系列周密细致的抢救施工,流水别墅的情况有所好转。维修中,各处地面所铺石板都做了编号,以便准确复原。维修工程于2002年告一段落。费用达1150万美元。之后还有维修任务待完成。当年赖特从流水别墅工程设计得到8000美元的设计费。

工程专家说问题都出在结构方面。如果当年老考夫曼没有让工人背着赖特多塞钢筋,问题会更严重。如果当年赖特吸取结构工程师的意见,情形会更好一些。据说赖特原来想把平台栏板做成金色,但他接受老考夫曼的意见改为现在的颜色。

流水别墅的英文名为"falling water",是赖特取的名字。当年赖特把"waterfall"(瀑布)一词分开又颠倒顺序,得到这个词。日本人称它"落水庄",国内也有人称之为"落水山庄"。那里的瀑布其实很小,只可称作"落水"或"跌水"。正因其小,人才敢住在它的上方,要是大的瀑布,谁敢住在上面呢!"落水山庄"的译法其实挺好,不过"流水别墅"之名已通行,因此沿用不改了。

流水别墅像它所在地点的自然一样美。它曾是一个私人的栖身之所,但又不止于此。它超越一般房屋的含义,是一件建筑艺术珍品。这座建筑与其自然环境浑然一体。它的确不能被当作一个建筑师为一位业主所做的东西,它是人类创造的一件罕见的艺术品。

常有人问,你在美国见到最好的建筑有哪些?我说很多,要是只说一个的话，我就提赖特的流水别墅。2000年底美国建筑师协会挑选20世纪美国建筑代表作，流水别墅也是排名第一。

16.3　朗香教堂（1955年）

1955年，勒·柯布西耶设计的位于法国孚日山区的朗香教堂（全名"朗香圣母朝圣小教堂"，The Pilgrimage Chapel of Notre Dame du Haut at Ronchamp）刚一落成，立即在全世界建筑界引起了轰动。

朗香教堂东南角

朗香教堂主入口

朗香教堂内景

朗香教堂平面图

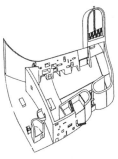

朗香教堂内部空间示意图

朗香教堂

几十年过去了，时至今日，我每次向建筑学专业的学生询问他们的看法时，仍然听到大量热烈的赞叹。几位研究生告诉我，在他们的心目中，朗香教堂的建筑形象在当今世界建筑艺术作品中排名不是第一也是第二。2003年秋，北京建筑工程学院20多名建筑学研究生到欧洲游学，专程去看了朗香教堂。他们的教授告诉我，头几天学生们就担心到时没有太阳。当从远处瞥见那座建筑时，年轻人就激动起来了，他们怀着朝圣般的心情，跑进跑出，忙个不停，远观近看，流连忘返。中国学生如此，从其他国家去的人也都一样。

这是令人惊讶的。在世界建筑史上，天主教、基督教的教堂何止千万，著名的也不在少数，何以这个山中的小小教堂竟如此引人注目，令许多人赞赏不迭，连与基督教毫不沾边的人都为之心折，这是什么缘故？

再说，勒·柯布西耶［下文有时简称为柯布（Corbu）或柯氏］是大家知道的现代主义建筑的旗手，当年他大声号召建筑师向工程师学习，要从汽车、轮船、飞机的设计制造中获取启示。他的**"房屋是居住的机器"**的名言犹在耳，人们记得他是很强调理性的。那么，这么一位建筑师怎么又创作出朗香教堂这样怪里怪气的建筑来了呢？难道我们可以说朗香教堂还是理性的产物么！

如果不是，那又是什么呢？是什么样的背景和思想促成了那个朗香教堂？都说建筑创作要有灵感，柯布创作朗香教堂时从哪儿来的灵感呢？

这些都是饶有兴味的问题。

朗香教堂诞生至今已经过去了50多年，50年在建筑通史上不算长，在当代建筑史上又不算短。许多建筑物和世间许多事物一样，距离太近不容易看得清楚，不容易评论恰当。间隔一段时间倒好一点。朗香教堂落成50多年，柯氏过世40多年。现在，更多的资料、文献、手迹、档案被收集，被整理，被研究了；研究者们发表了许多研究报告，帮助我们了解得多一些，使我们可以再作一番思考。看法自然仍是此时此地的一孔之见。

1. 朗香教堂何以令人产生强烈印象

不管你喜欢还是不喜欢，不管你信教还是不信教，也不论你见到了实物还是只看到照片或影片，朗香教堂的形象都会令你产生强烈的、深刻的，从而是难忘的印象。

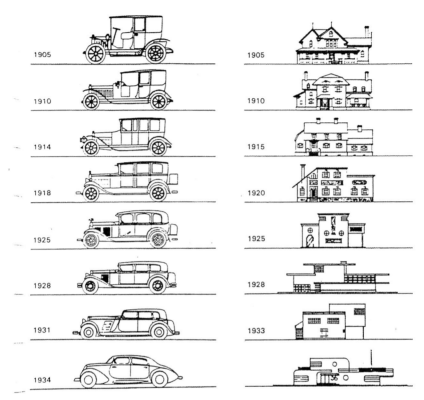

20世纪前期，汽车样式与建筑样式之相关变化

　　在这里，教堂的规模、技术和经济问题，以及作为一个宗教设施，它合用到什么程度等等都不太重要，也与我们无关。在这里，重要的是建筑的造型及其视觉效果与审美价值。

　　大家都有这样的经验，平日我们看到许多建筑物，有的眼睛一扫而过，留不下什么印象，有的眼睛会多停留一会儿，留下多一点的印象。差别就在于有的建筑能"抓人"，有的"抓不住"人。朗香教堂属于能"抓人"的建筑，而且特别能抓。为什么呢？

　　我们以为这首先是由于它让人感到陌生，有很强的陌生性或陌生感。在日常生活中我们都形成了一定的关于房屋是什么样子的概念。当我们观看一座新的建筑物的时候，会不自觉地将眼前所见同已有的概念加以比较，如果一致，就一带而过，不再注意，如果发现差异，就要检验、鉴别，注意力就被调动起来了。与以往习见的同类事物有差异，就引起陌生感。如果直接或间接见过一些基督教堂的人，当新见一个教堂时，也会将它与心目中已有的基督教堂的概念作一比较，情形也如上述。

朗香教堂与人们习见的房屋相似吗？不！与人们习见的基督教堂相似吗？也不！不仅不相似，而且差得极远，它太"离谱"，因此反倒引人注意。

20世纪初，俄国文学研究界中的"形式主义学派"对文学作品中的"陌生化"作过专门研究。他们说，诗的语言同普通语言相比，就是制造陌生感，而且本身就是陌生的。诗歌就是将大家已经习惯的东西"陌生化"，"创造性地损坏"习以为常的、标准的东西，以便"*把一种新的、童稚的、生机盎然的景象灌输给我们*"[3]。又说陌生化的文学语言"*把我们从语言对我们的感觉产生的麻醉效力中解脱出来*"，诗歌就是对普通语言的破坏，是"对普通语言有组织的侵害"。

从文学中观察到的这些原理，在建筑和其他造型艺术门类中也大体适用。陌生化是对约定俗成的突破或超越。当然，陌生化是相对的。百分之百的陌生化，全然摆脱人们熟知的形象，会使作品完全变成另外一种东西，也就达不到预期的效果。陌生化有一个程度适当的问题。

柯氏在朗香教堂的形象处理中最大限度地利用了"陌生化"的效果。它同建筑史书上著名的宗教建筑全不一样，人们看见它就不能对之漠然。同时，朗香教堂的形象也还有熟悉的地方。那屋顶仍在通常放屋顶的地方；门和窗尽管不一般，但仍然叫人大体猜得出是门和窗。它们是陌生化的屋顶和门窗。正在所谓的似与不似之间。最大限度然而又是适当的陌生化的处理，是朗香教堂一下子把人吸引住的第一关键。

朗香教堂的引人之处又在于它有一个非常复杂的形象结构。20世纪初期，勒·柯布西耶和他的现代主义同道们提倡让建筑形状简化、净化。柯氏本人在建筑师圈内与美术界的立体主义派呼应，大声赞美方块、圆形、矩形、圆锥体、球体等简单基本几何形体的审美价值。20年代和稍后一段时期，柯氏设计的房屋即使内部相当复杂，其外形却总是处理得光光净净，简简单单。萨伏伊别墅即是一例，人们很难找出一个外形比它更简单光溜的建筑名作了。

勒·柯布西耶作品——萨伏伊别墅（1930年）

　　然而，在朗香教堂，柯氏放弃了先前的追求，走向简化的反面——复杂。试看朗香教堂的立面处理，那么一点的小教堂，四个立面竟然那样各个不同，你初次看它如果单看一面，绝想不出其他三面是什么模样，看了两面，也还是想象不出第三面第四面的长相。四个立面，各有千秋，真是极尽变化之能事，与萨伏伊别墅几乎不可同日而语。再看那些窗洞形式，也是不怕变化，只怕单一。再看教堂的平面，那些曲里拐弯的墙线，和由它们组成的室内空间，也都复杂多变到家了。当年柯氏很重视设计中的控制线和法线的妙用，现在都甩开了，平面构图上找不出什么明确的规律，立面上也看不出一定的章法。如果说有规律，那也是太复杂的规律。萨伏伊别墅让人联想到古典力学，想到欧几里得几何学。朗香教堂则使人想到近代力学、非欧几何。总之，就复杂性而言，今非昔比。

　　然而有一点要指出的，也是朗香教堂的好处：它的复杂性与中世纪哥特式教堂不同。哥特式的复杂在细部，那细部处理达到了繁琐的程度，而总体布局的结构倒是简单的、类同的、容易查清的。朗香教堂的复杂性相反，是结构性的复杂，而其细部，无论是墙面还是屋檐，外观还是内里，其实仍然相当简洁。

　　朗香教堂有一个复杂结构，而复杂结构实在更符合当今许多人的审美心理。如果说萨伏伊别墅当初是新颖的，有人喝采的，纽约联合国总部大厦当年也是新颖的，有人叫好的，那么，四五十年后的今天再拿出类似的货色，就很难受到广泛的欢迎。简单整齐的东西，举一可以反三的，容易让人明白的东西，现在如同白开水，失去了吸引力。简单和少联系在一起，密斯坚持到底，也就栽在这里。不是吗，文丘里一句"少不是多"，又一句"少是枯燥"，把密斯给否了。古语云"此一时也，彼一时也"，当代人喜欢复杂的东西，揆度时下的服装潮流，即可证明。

　　这是社会审美心态变化的结果。格式塔心理学家在学理上也有解释。他们的研究表明，格式塔（即图形）有简单和复杂之分。人对简单格式塔的知觉和组织比较容易，从而不太费力地得到轻松、舒适之感，但这种感觉也就比较浅淡。人的视知觉对复杂的格式塔的感知和组织比较困难，需要进行积极的知觉活动，因而唤起一种紧张感。可是一旦完成之后，紧张感消失，人会得到更多的审美满足。所以简单格式塔平淡如水，复杂格式塔浓酽如茶如酒。付出的多，收获也大。朗香教堂的复杂形象就有这样的效果。

对于朗香教堂的形象，人们观感不一。概括起来，认为它优美、秀雅、高贵、典雅、崇高的人很少，说它奇特、怪诞的人最多。晚近的美学家认为怪诞也是美学的范畴之一。朗香教堂可以归入怪诞这一范畴。

上面说了陌生感和复杂性，似乎就包含了怪诞，不必再单说。可是三者既有联系，又互相区别。譬如看人，陌生者和性格、经历复杂之人并不一定怪诞，怪诞另有一功。

怪诞就是反常，超越常规，超越常理，以至超越理性。对于朗香教堂，用建筑的常理常规，无论是结构学、构造学、功能需要、经济道理、建筑艺术构图的一般规律，都说不清楚。面对朗香教堂那模样，莫明其妙、匪夷所思的感想油然而生。为什么？原因就是面前那个建筑形象太怪诞了。

朗香教堂的怪诞同它特有的一种原始的风貌有关。它兴建于1950—1955年间，正值20世纪的中间，可是除了那个金属门扇外，几乎再没有什么现代文明的痕迹了。那粗糙敦实的体块、混沌的形象、岩石般稳重地屹立在群山间的一个小山包上。"水令人远，石令人古"，朗香教堂不但超越现代建筑、近代建筑，而且超越文艺复兴和中世纪建筑，似乎比古罗马、古希腊甚至古埃及的建筑还要早，它如同远古时代原始人遗留下来的某种巨石建筑（石棚、石环等），屹立在群山中已有千万年。"白云千载空悠悠"，朗香教堂不仅是"凝固的音乐"，而且还是"凝固的时间"，时间都被它打乱了，这怪诞的建筑！

由此又生出神秘性。朗香教堂那沉重的、复杂的、奇怪的体块组合之中，似乎蕴含着一些神秘的、奇怪的力。它们相互纠缠，相互拉扯，相互顶撑，相互较劲。力要迸发，又没有迸发出来，正在挣扎，正在扭曲，正在痉挛，引而不发，令人揪心。

这些都不易理解，甚而不可理解。谁建造了这样的建筑？可是它又不像人力所造，更不像是20世纪文明国度里的人设计的产物。搞出这样的建筑的明明是建筑师勒·柯布西耶，也许他是按照超人的启示造出来的吧？谁是超人，当然是上帝了。人们在这样的教堂里向上帝祈祷，多么好啊！

这都是猜测，是揣摸，是冥想，无法确定。许多建筑物，也许是大多数建筑物，即使单从外观上看，也能大体上看出它们的性质和大致的用途。华盛顿的美国国会大厦、北京的毛主席纪念堂、各处的饭店、商场、飞机场、车站、医院、住宅……比较清楚。另外一些建筑物就不那么清楚了，如巴黎蓬皮杜中心、悉尼歌剧院等等，需要揣测，可以有多种联想；而不同的观看者可以有不同的联想，同一个观看者也会产生多个联想，觉得它既像这，又像那，因为它们在我们心中引出的意象是不明确的，有多义性，而多义性带来不定性。

朗香教堂的形象就是这样的，有位先生曾用简图显示朗香教堂可能引起的五种联想，或者称作五种隐喻，它们是合拢的双手、浮水的鸭子、一艘航空母舰、一种修女的帽子，最后是攀肩并立的两个修士。[4] 美国V·斯卡利教授说朗香教堂能让人联想起一只大钟，一架正要起飞的飞机，意大利撒丁岛上某座圣所，一个飞机机翼覆盖的洞穴，又说它插在地里，指向天空，实体在崩裂，在飞升……（Le Corbusier, 1987, Princeton, NJ, P. 53A）。一座小教堂的形象能引出这么多（或更多）的联想，太妙了。而这些联想、意象、隐喻没有一个是清楚肯定的，它们在人的脑海中模模糊糊，闪烁不定，还会合并、叠加、转化。所以我们在审视朗香教堂时，会觉得它难于分析，无从追究，没法用清晰的语言表达我们心中的复杂体验。"剪不断、理还乱"，真的"别是一般滋味在心头"。

而这不是缺点，不是缺陷。朗香教堂与别的一看就明白的建筑的区别正如诗与陈述文的区别一样。写陈述文用逻辑性推理的语言，每个词都有确切的含义，语法结构严谨规范。而诗的语法结构属于另一类，不严谨，不规范，语义模糊。"秋水清无力，寒山暮多思"，能用逻辑推理去分析吗？"感时花溅泪，恨别鸟惊心"，能在脑海中得到一个明确的意象吗？相对于理性表述的明确清楚，模糊不定、多义含混更符合某些情景下人的心理上的复杂体验，更能触动人的内心世界。诗无达诂，正因为这样反倒有更大的感染力。

两千多年前的中国古籍《老子》中有这样的话：

> 道之为物，惟恍惟惚。
>
> 惚兮恍兮，其中有象。
>
> 恍兮惚兮，其中有物。
>
> 窈兮冥兮，其中有精。
>
> 其精甚真，其中有信。[5]

这些话不是专门针对美学问题，当然更不是就某种建筑写的，然而接触到艺术世界和人的审美经验中的特殊体验。在艺术和审美活动中，人们能够在介乎实在与非实在，具象与非具象，确定与非确定的形象中得到超越日常感知活动的"恍惚"，并且感受到"其中有精"、"其中有信"。可以说朗香教堂作为一个艺术形象，正是一种窈兮冥兮的恍惚之象，它体现的是一种恍惚之美。20世纪中期的一个建筑作品竟然同中国古老的美学精神合拍，真是值得探讨的很有意思的现象。

总之，陌生、惊奇感、突兀感、困惑感、复杂、怪诞、奇崛、神秘、朦胧、恍惚、剪不乱、理还乱、变化多端、起伏跨度很大的艺术形象，其中也包括建筑形象，在今天更能引人瞩目，令人思索，耐人寻味，予人刺激和触发人的复杂心理体验。因为当代有愈来愈多的人具有这样的审美心境和审美趣味。朗香教堂能满足这样的审美期望，于是在这一部分人中就被看作有深度、有力度、有广度、有热度的建筑，从而被视为最有深意、最有魅力的罕见的建筑艺术精品。

朗香教堂是建筑中的诗品，属于朦胧诗那一派。

2. 朗香教堂是如何构思出来的

许多人对这个题目都会有兴趣。如果柯氏健在，请他自己给我们解释最好，可惜他死了。其实，柯氏生前说了不少、也写了不少关于朗香教堂的事情。这些都是很重要的材料。可是还不够。应该承认，有时候创作者本人也不一定能把自己的创作过程讲得十分清楚。有一次，那是朗香教堂建成以后几年的事，勒·柯布西耶自己又去到那里，他忽然感叹地自己问自己："嗯，我是从哪儿想出这一切的呢？"柯氏大约不是故弄玄虚，也并非卖关子。艺术创作本是难以说清的事情。柯氏死后，留下大量的笔记本、速写本、草图、随意勾画和注写的纸片，以及他平素收集的剪报、来往信函，等等。这些东西由几个学术机构收集和保管起来，勒·柯布西耶基金会收藏最丰。一些学者在那些地方进行多年的整理、发掘和细心的研究，陆续提出了很有价值的报告。一些曾经为柯氏工作的人也写了不少回忆文章。各种材料加在一起，使我们今天对于朗香教堂的构思过程有了稍为清楚一点的了解。

柯布关于自己的建筑创作方法曾有下面一段叙述：

一项任务定下来，我的习惯是把它存在脑子里，几个月一笔也不画。

人的大脑有独立性，那是一个匣子，尽可能往里面大量存入与问题有关的资料信息，让其在里面游动、煨煮、发酵。

然后，到某一天，喀哒一下，内在的自然创造过程完成。你抓过一支铅笔、一根炭条、一些色笔（颜色很关键），在纸上画来画去，想法出来了。[6]

这段话讲的是动笔之前，要作许多准备工作，要在脑子中酝酿。

在创作朗香教堂时，在动笔之前柯氏同教会人员谈过话，深入了解天主教的仪式和活动，了解信徒到该地朝圣的历史传统，探讨关于宗教艺术的方方面面。柯氏专门找来介绍朗香地方的书籍，仔细阅读，并且做了摘记。他把大量的信息输进自己的脑海。

过了一段时间，柯氏第一次去到布勒芒山（Hill of Bourlemont）现场时，他已经形成某种想法了。柯氏说他要把朗香教堂搞成一个"形式领域的听觉元件"（acoustic component in the domain of form），它应该像（人的）听觉器官一样的柔软、微妙、精确和不容改变。[7]

第一次到现场，柯氏立在山头上画了些极简单的速写，记下他对那个场所的认识。他写下了这样的词句："朗香？与场所连成一气，置身于场所之中。对场所的修辞，对场所说话。"在另一场合，他解释说："在小山头上，我仔细画下四个方向的天际线……用建筑激发音响效果——形式领域的声学。"

把教堂建筑视作声学器件，使之与所在场所沟通。进一步说，信徒来教堂是为了与上帝沟通，声学器件也象征人与上帝声息相通的渠道和关键。这可以说是柯氏设计朗香教堂的建筑立意，一个别开生面的巧妙的立意。

从1950年5月到11月是形成具体方案的第一阶段。现在发现的最早的一张草图作于1950年6月6日。草图上画有两条向外张开的凹曲线，一条朝南像是接纳信徒，教堂大门即在这一面；另一条朝东，面对在空场上参加露天仪式的信众。北面和西面两条直线，与曲线围合成教堂的内部空间。

另一幅画在速写本上的草图显示两样东西。一是东立面。上面有鼓鼓地挑出的屋檐，檐下是露天仪式中唱诗班的位置，右面有一根柱子，柱子上有神父的讲经台。这个东立面布置得如同露天剧场的台口。朗香教堂最重大的宗教活动是一年两次信徒进山朝拜圣母像的传统活动，人数过万，宗教仪式和中世纪传下来的宗教剧演出就在东面露天进行。草图只有寥寥数笔，但已给出了教堂东立面的基本形象。这一幅草图上另画着一个上圆下方的窗子形象，大概是想到教堂塔顶可能用的窗形。

此后，他用一些草图进一步明确教堂的平面形状，北、西两道直墙的端头分别向内卷进，形成三个半分隔的小祷告室，它们的上部突出屋顶，成为朗香教堂的三个高塔。有一张草图勾出教堂东、南两面的透视效果。整个教堂的体形渐渐周全了。然后把初步方案图送给天主教宗教艺术事务委员会审查。

委员会只提了些有关细节的意见。1959年1月开始，进入推敲和确定方案的阶段，工作在柯氏事务所人员协助下进行。这时做了模型——为推敲设计而做的模型，一个是石膏模型，另一个用铁丝和纸扎成。对教堂规模尺寸做了压缩调整。柯氏说要把建筑上的线条做得具有张力感，"像琴弦一样!"整个体形空间愈加紧凑有劲。把建成的实物同早先的草图相比，确实越改越好了。

现在让我们回到柯氏提的问题：他是从哪儿想出这一切来的呢？这个问题也正是我们极为关心的问题之一。是天上掉下来的吗？是梦里所见的吗？是灵机一动，无中生有的吗？研究勒·柯布西耶的学者D·保利（Daniele Pauly）经过多年的研究，解开了朗香教堂形象来源之谜。保利指出，柯氏是有灵感的建筑师，但他的灵感并非凭空而来，它们也有来源，源泉就是柯氏毕生广泛收集并储存在脑海中的巨量资料信息。

柯氏讲过一段往事：1947年他在纽约长岛的沙滩上找到一只空的海蟹壳，发现它的薄壳竟是那样坚固，柯氏站到壳上都不破，后来他把这只蟹壳带回法国，同他收集的许多"诗意的物品"放到一起。是这只蟹壳启发出朗香教堂的屋顶形象。保利在一本柯氏自己题名"朗香创作"的卷宗中发现柯氏写的字句：

厚墙·一只蟹壳·设计圆满了·如此合乎静力学·我引进蟹壳·放在笨拙而有用的厚墙上。

在朗香教堂安置了一个可以说是仿生的屋盖。

这个大屋盖由两层薄薄的钢筋混凝土板合成，中间的空档有两道支撑隔板。柯氏的另一幅草图又示意那种做法仿自飞机机翼的结构。朗香教堂那奇特的大屋盖原来同螃蟹与飞机有关。

关于朗香教堂那三座竖塔，保利认为可能同中东地区的犹太人墓碑有关。柯氏藏有一张那种墓碑的图片，还在上面加了批注。竖塔同墓碑造型有相似的地方，不过没有发现更多的证明。朗香教堂的三个竖塔上开着侧高窗，天光从窗孔进去，循着井筒的曲面折射下去，照亮底下的小祷告室，光线神秘柔和。这采光的竖塔有点像一个潜望镜。柯氏采用这种方法也是从古代建筑物中得到的启发。1911年柯氏在罗马附近的蒂沃里（Tivoli）参观古罗马皇帝亚德里安的行宫遗迹，一座在崖壁中挖成的祭殿就是由管道把天然光线引进去的。柯氏当时在速写本上画下了这特殊的采光方式，称之为"采光井"。几十年以后，在设计圣包姆地下教堂的时候，柯氏曾想运用这种采光井，不过没有实现。这次在朗香教堂的设计中，他有意识地采用这种方式。他在一幅速写旁边写道：

> 一种采光方式！余1911年在蒂沃里古罗马石窟中见到此式——朗香无石窟，乃一山包。

朗香教堂的墙面处理和南立面上的窗孔开法，据认为同柯氏1931年在北非看到的建筑有关。那时他到阿尔及利亚的姆扎卜河谷（Mzab Valley）旅行，对那里的民居很感兴趣，画了许多速写。他在一处写道，姆扎卜的建筑物"体量清楚，色彩明亮，白色粉刷起主导作用，一切都很突出，白色中的黑色，印象深刻，坦诚率真"。姆扎卜的建筑墙厚窗小，他特别注意：姆扎卜人在厚墙上开窗极有节制，窗口朝外面扩大，形成深凹的八字形，自内向外视野扩大，从外边射入室内的光线能分散开来。保利在他的文章中拿北非民间建筑的照片说明朗香教堂墙面处理和开窗方式与之相当接近。其实包括法国南部在内的地中海沿岸地区，民间建筑多有类似的处理和做法，大都因为那边的阳光极其强烈。

朗香教堂的屋顶，东南最高，向上纵起，其余部分东高西低，造成东南两面的轩昂气势，特别显出东南转角的挺拔冲锋之动态。这个坡度很大的屋顶也有收集雨水的功能，因为山中缺水，屋面雨水全都流向西面的一个水口，再经过伸出的一个泻水管注入地面上的水池。研究者发现，那个造型奇特的泻水管也有其来历。1945年，勒·柯布西耶在美国旅行时经过一个水库，他当时把大坝上的泻水口速写下来，图边写道："一个简单的直截了当的造型，一定是经过实验得来的，合乎水力学的体形。"朗香教堂屋顶的泻水管同那个水库上的泻水口确实相当类似。[8]

上面这些情况说明一个问题。像柯布这样的世界大师，其看似神来之笔的构思草图，原来也都有其来历。当然，如果我们对一个建筑师的作品的一点一滴都要简单生硬地、牵强附会地考证其来源是没有意义的无聊的事。建筑创作和文学、美术等一切创作一样，过程和创作极其复杂，一个好的构思如灵感的迸发，像闪电般显现，难以分析甚至难以描述。中国人讲厚积薄发，重要的是从朗香教堂的创作中，我们可以看到柯氏的神来之笔，都是在极其深、广、厚、实的信息积蓄之上的灵感迸发。

建筑创作，特别是朗香教堂这样的表意性很强的项目，建筑师最大的辛苦第一在立意，第二在塑造一个能表达出所立之意的具体的建筑形象。中国绘画讲"意在笔先"，因为水墨画要一气呵成。在建筑的具体的设计和创作过程中，意和笔即意和形象的关系是双向互动的，有初始的"意在笔先"，又有"意在笔下"和"意在笔后"，意和笔或意和象之间，正馈和反馈，来来回回，反复推敲，经过一个过程，才形成一个完满意象。现在披露出来的朗香教堂创作过程的许多草图，说明柯布这样的大师的作品，也并非一蹴而就。这本是建筑创作的常规。可是笔者在建筑学堂里不时见到这样的学生，他实行君子动口不动手的方针，爱说不爱画，总是有"意"而无"象"，最后乱糟糟。看了柯氏的工作过程，这样的学生应该得些教益。

从柯氏创作朗香教堂的例子，还可以看到一个建筑师脑中贮存的信息量同他的创作水平有密切的关系。从信息科学的角度看，建筑创作中的"意"属于理论信息，同建筑有关的"象"属于图像信息。建筑创作中的"立意"，是对理论信息的提取和加工。脑子中贮存的理论信息多，意味着思想水平高，立意才可能高妙。在创作过程中，有了一定的立意，创作者再从脑子中的图像信息库检索，提取有用的形象素材，素材不够，就去摄取补充新的图像信息（看参考资料），经过筛选、融汇，得到初步合乎立意的图像。于是可以下笔，心中的意象见诸纸上，形成直观可感的形象，一种雏形方案产生了。然后加以校正，反复修订，直至满意的形象出现。

我们的脑子在创作中能对许多形象信息进行处理，加以组合编排，从而产生新的形象信息。信息杂交是创作的一个重要途径。朗香教堂的形象在不小的程度上采用了这种方式。

我们不能详细讨论建筑创作方法和机制的各个方面，只是指出，朗香教堂的创作，同柯氏毕生花大力气收集、存储同建筑有关的大量信息——理论信息与图像信息有直接关系。他的作品的高水准同他脑子中贮存的大信息量密不可分。创造性与信息量成正比。

曾经出现过一种论点，认为脑子中的东西越多，创造性越少，持这种论点的人认为"掏空脑袋瓜"才能创新。如此说来，脑袋瓜空空如也和交白卷的人岂不成了最有创造力的人了吗！这是伪科学。

建筑师收集和存储图像信息最重要的也是最有效的方法是动手画。这也是柯氏自己采用并且一再告诉人们的方法。他旅行时画，看建筑时画，在博物馆和图书馆中画，早年画得尤勤，通过眼到、手到，就印到了心里。1960年他在一处写道：

> ……为了把我看到的变为自己的，变成自己的历史的一部分，看的时候，应该把看到的画下来。一旦通过铅笔的劳作，事物就内化了，它一辈子留在你的心里，写在那儿，铭刻在那儿。
>
> 要自己亲手画。跟踪那些轮廓线，填实那空档，细察那些体量，等等，这些是观看时最重要的，也许可以这样说，如此才够格去观察，才够格去发现……只有这样，才能创造。你全身心投入，你有所发现，有所创造，中心是投入。[9]

柯氏常常讲他一生都在进行"长久耐心的求索"（long, patient search）。

朗香教堂具体的创作设计时间毕竟不长，那最初的有决定性的草图确是刹那间画出来的，而刹那间的灵感迸发，却是他"长久耐心的求索"的结晶，诚如王安石诗所说："成如容易却艰辛。"

3. 从走向新建筑到走向朗香

1923年，第一次世界大战打完不久，柯氏36岁，血气方刚，意气风发，他出版了名为《走向新建筑》（《Vers Une Architecture》，1923年）的著作。在书中他大声疾呼："一个伟大的时代开始了，这个时代存在一种新精神。"

什么新精神？柯氏首先看到了工业化带来的新的精神，"这个时代实现了大量的属于这种新精神的产品，这特别在工业产品中更会遇到"，柯氏对工业化带来的多种事物都大加赞赏并且要建筑师向生产工业品的工程师好好学习。

勒·柯布西耶在理论和实践两方面都走在最前列，成为现代建筑运动公认的最有影响的旗手之一。

第二次世界大战结束。许多人预料和期待着勒·柯布西耶在第二次世界大战以后的建筑舞台沿着《走向新建筑》的路子继续领导世界建筑的新潮流。

不料，他却推出了另一种建筑创作路径，他的建筑思想和风格出现了重大的变化，虽然不是在他战后设计的每一幢建筑上都有同等的变化；虽然新的变化同他战前风格并非绝无联系，然而变化却是可见的、显著的。

战后初期他创作的一座重要的建筑作品——马赛公寓大楼（L'unite d'habitation a Marseille，1946—1952年）与同一时期大西洋彼岸的纽约的新建大楼形成强烈的对照。马赛公寓的造型壮实、粗糙、古拙，甚至带有几分原始情调；纽约花园大道上的利华大厦（Lever House，1950—1952年）则是熠熠闪光、轻薄虚透的金属与玻璃的大厦。马赛公寓被认为是所谓"粗野主义"（brutalism）的代表作，而利华大厦在许多方面却正符合柯氏在《走向新建筑》所预想和鼓吹的"新精神"。正符合柯氏当年在《走向新建筑》中写的那句话："*薄薄的一片玻璃或砖隔墙可以从底层起建造50层楼*。"

20世纪20年代初，美国大多数人对欧洲兴起的现代建筑风格很不买账，坚持使用"厚重的墙"。到了50年代，美国大城市中心兴起"薄薄一片玻璃"的超高层建筑之风，柯氏自己反倒喜爱起"厚重的墙"了。

古往今来，中外大艺术家在自己的艺术生涯中常常进行艺术上的变法。如果说，柯氏在第一次世界大战后那段时间的道路可以称之为"走向新建筑"的话，那么，第二次世界大战之后，他的创作道路不妨称为"走向朗香"。前后两个"走向"表示柯氏作为一位建筑艺术家，实现了一次重大的变法。

艺术上的变法意味着推陈出新，变也是对新情况、新条件的适应。报上说不久前有位著名的中国画家在法国举办画展，"*一位法国评论家评论说，这位画家40年期间的画好像全在一天所作，没有喜怒哀乐的变化。华裔画家丁绍光对此深有感触，说'如果一个人画了一辈子，到头来只是笔法变得更遒劲了些，手法日臻娴熟，却几十年里不断重复一种美学，一种思想，那实在是很可悲的。'丁绍光认为'惟有不断求变，变出新的风格，新的美学观念，新的艺术价值观，才能立足世界'*。"[10]

勒·柯布西耶在第二次世界大战之后建筑风格上的变法正是表现了一种新的美学观念，新的艺术价值观。

概括地说，可以认为柯氏从当年的崇尚机器美学转而赞赏手工劳作之美；从显示现代化派头转而追求古风和原始情调；从主张清晰表达转而爱好混沌模糊，从明朗走向神秘，从有序转向无序；从常态转向超常，从瞻前转而顾后；从理性主导转向非理性主导。这些显然是十分重大的风格变化、美学观念的变化和艺术价值观的变化。

重大的风格、美学观念和艺术价值观的变化后面必定还有深一层的根因存在，或者说，勒·柯布西耶的内心世界，一定发生了某种改变——人生观、世界观、宇宙观方面的改变。

什么变化呢？

如果是一位哲学家，他会把自己的思想变化讲述得很清楚；如果是一位文学家，他的文学作品会反映出思想上的细致变化。勒·柯布西耶是一位建筑师，后期又没有写出像《走向新建筑》那样完整的著作，我们只能从零碎的文字材料和作品本身探索这位大师后期的思想脉络。我们作为外国人来进行这样的工作，条件更差，困难更多。

如此，不揣冒昧，仍愿意作一点尝试。

20世纪初，对于西方社会的未来就有持怀疑和悲观看法的人。德国人斯宾格勒（Oswald Spengler，1880—1936年）就在勒·柯布西耶写作《走向新建筑》的同时，写出了著名的《西方的没落》（1918—1922年）一书。这样的人多是一些哲学家、历史学家。而大多数技术知识分子，受着工业化胜利的鼓舞，抱着科学技术决定论的观点，对工业化、科学技术、理性主义抱有信心，对西方社会的未来持乐观态度。从勒·柯布西耶的《走向新建筑》来看，他属于后一种人。在该书的最后部分，柯氏提到了革命的问题，但结论是"要么进行建筑，要么进行革命。革命是可以避免的。"仍然是技术自有回天力的观点。这时候的柯氏充满信心，非常乐观，眼睛向前看。

20世纪30年代后期，欧洲阴云密布，现代建筑运动的一些代表人物移居美国。勒·柯布西耶没有动窝，第二次世界大战期间，法国沦陷，柯氏离开大城市，蛰居法国乡间。格罗皮乌斯、密斯·凡·德·罗等活跃于美国大都市和高等学府的时候，柯氏却亲睹战祸之惨烈，朝夕与乡民、手工业者和其他下层人士为伍，真的是到民间去了。

第二次世界大战结束之后，他回到世界建筑舞台上来，依然是世界级的大建筑师。由于现代主义建筑思潮在美国和世界更多地区大行其道，勒·柯布西耶的现代建筑旗手的声望比战前更加显赫。然而，这位大师经过二战的洗礼，内心世界却不比从前，思想深处发生了深刻的微妙的变化。

1956年9月，勒·柯布西耶写了这样一段话：

> 我非常明白，我们已经到了机器文明的无政府时刻，有洞察力的人太少了。老有那么一些人出来高声宣布：明天——明天早晨——12个小时之后，一切都会上轨道。……
>
> 在杂技演出中，人们屏声息气地注视着走钢丝的人，看他冒险地跃向终点。真不知道他是不是每天都练习这个动作。如果他每天练功，他必定过不上轻松的日子。他只得关心一件事：达到终点，达到被迫要达到的钢丝绳的终点。人们过日子也都是这样，一天24小时，劳劳碌碌，同样存在危险。[11]

同之前的《走向新建筑》的满怀信心和激情的语言相比，这时的柯氏几乎换了一种心境。原来的确信变成怀疑。今天的日子很不好过，明天的世界究竟如何，他也觉得很不确定，没法把握。更早一点，他还说过更消极、更悲观的话：

> 哪扇窗子开向未来？它还没有被设计出来呢！谁也打不开这窗子。现代世界天边乌云翻滚，谁也说不清明天将带来什么。一百多年来，游戏的材料具备了，可是这游戏是什么？游戏的规则又在哪儿？[12]

柯氏心境的改变，从信心十足到丧失信心是可以理解的。回想一下《走向新建筑》出版以后的那段日子吧。勒·柯布西耶几次重要方案被排斥；他还没有盖出更多的房子，1929年世界经济大萧条就降临了；1933年希特勒上台，法西斯魔影笼罩欧洲，人心惶惶；1937年德国开始侵略战争，闪电战、俯冲轰炸机、集中营，大批犹太人被推入焚尸炉。千百万生灵涂炭，无数建筑化为灰烬，城市满目疮痍。文明的欧洲中心地区，相隔20年掀起两次空前的厮杀。人性在哪里？理性在哪里？工业、科学、技术起什么作用？人类的希望在哪里？勒·柯布西耶亲历目睹，无可逃避，无法逍遥，也无法解释，过去的信念不得不破碎了！斯复何言，斯复何言！

正像柯氏战前的思想不是属于他个人独有的那样，他在二战时期产生的消极、悲观、怀疑、失望的心态也不是他个人特有的，而是在一定时期一定范围内出现的有普遍性的思想观念的一种表现。在普通人那里，这种有普遍性的思想观念呈现为零散的很不系统的情绪和倾向，而哲学家会将它们集中起来、系统化、精致化、严密化，形成一种哲学。

第二次世界大战期间在法国兴盛起来的存在主义哲学是上述思想的集中，是它的提高和精练。法国哲学家萨特（J. P. Sartre, 1905—1980年）和加缪（A. Camus, 1913—1960年）二战期间在法国参加反法西斯的抵抗运动。萨特本人曾经被德国人俘虏又从集中营中逃出。在那战祸惨烈、人命微贱、朝不保夕的日子里，他们发展了这样的观点：世界是荒谬的，存在是荒谬的。人是被抛到这个世界上来的，是孤独无援的，是被抛弃的。人凭感性和理性获得的知识是虚幻的。人越是依靠理性和科学，就越会使自己受其摆布。人只有依靠非理性的直觉，通过自己的烦恼、孤寂、绝望，通过自己非理性的心理意识，才可能真正体验自己的存在。加缪甚至说："严肃的哲学问题只有一个，那就是自杀。"

这是奇怪的，存在主义原来竟好像是反存在（自杀）！不过，这里不是讨论存在主义哲学的地方。我们只是想说，存在主义在第二次世界大战时期和其后一段时间成为法国最主要的哲学流派是可以理解的，并且有其必然性。

我们现在没有什么资料和根据说明勒·柯布西耶同法国存在主义哲学家有过何种的联系和交往。这一点并不十分紧要，重要的是思想内容上的接近或相似。

萨特曾经写道："存在主义……。其目的在于反对黑格尔的认识，反对一切哲学上的体系化，最后，是反对理性本身……。"[13]

"反对理性"，是存在主义的一个核心思想。勒·柯布西耶早先大力颂扬理性，后期他不再称颂理性，相反，非理性、反理性的倾向更多显露出来。他在战后时期的作品中常常应用他独创的"模度"（Modulor）——它将一个人的体形按黄金分割不断分割下去，得出一系列奇特的数字，应用于建筑设计之中，这套奇特的模度制建立在一种信念上，即要将人体与房子联系起来的信念之上，看似精确有理，实则并不有效，除了柯氏自己，再不见有什么人采用过。这套"模度",带有神秘信仰的色彩,它出现在大战时期而不是20世纪20年代不是偶然的。

勒·柯布西耶一生从事绘画。在文字、建筑作品之外,绘画也反映着他的思想及其变化。他写道:

> 自1918年以来,我每天作画,从不停顿。我从画中寻求形式的秘密和创造性,那情况就和杂技演员每日练习控制他的肌肉一个样。往后,如果人们从我作为建筑师所做的作品中看出什么道道来,他们应该将其中最深邃的品质归功于我私下的绘画劳作。[14]

柯氏自己点明他的绘画作品对于理解他的建筑作品的重要性,我们就来看他后期绘画中有了什么变化。柯氏战前的绘画同立体主义画派相似,题材多为几何形体、玻璃器皿之类,后来又有人体器官入画,再往后,题材愈见多样,形象益加奇怪,而含义更为诡谲。不了解底细的人无法理解,经过注释,才知道并非随便涂抹得来,而是有一定的寓意。他的思想从悲观、非理性又进一步带上迷信的成分。

1947—1953年间,柯氏画了一系列图画,有的还配了诗,1953年结集出版,题名《直角之诗》[15]。这本诗配画的"最深邃的品质"反映着柯氏后期的思想信仰。

这本书当时印数有限,只有200册。在书的扉页上,勒·柯布西耶将书中的19幅图画缩小,组成一个图案,上下分为7层,左右对称。最上一层排着5幅图,往下依次为3、5、1、3、1、1幅。柯氏把这个图案称为"Iconostase",这个词原指东正教神龛前悬挂的屏幕,或神幡。这个"神幡"的7层各有含义,由上到下依次代表:(1)环境——绿色;(2)精神——蓝色;(3)肉体——紫色;(4)融合——红色;(5)品格——无色;(6)奉献——黄色;(7)器具——紫蓝色(milieu, esprit, chair, fusion, caractere, offre, outil)。采用7这个数目,因为它被认为是魔数。

第19幅图画中的形象有公牛、月亮女神、怪鸟、山羊头、羊角、新月、独角兽、神鹰、半牛半人、巨手、平卧女像、哲人之石、石人头、天上的黄道带和多种星宿,还有古希腊人信奉的赫耳墨斯神及古罗马人信奉的墨丘利神(Hermes, Mercury,都是司传信、商业、道路的神祇)等等。

30年前，柯氏把轮船、汽车、飞机、打字机、可调节的暖气推到前面，要人们好好研习。30年后，他又把神幡、半牛半人、哲人之石、黄道带和墨丘利神抬了出来，究竟是什么意思？

学者研究以后指出，这些图画内容与古代神话和炼金术有关。柯氏画这些东西不是出于无事可干也不是信手拈来的。他画这些题材经过深沉的思索，处处有他的用意，显示他后期的观念和信仰。

他相信天上的星宿同地上人间的命运有关，他画中的摩羯星、金牛座、白羊座、天秤座等各有独特的意义。其他的图像有的象征善与恶，有的代表生与死、四时更迭、祸福转化、平衡太和（universal harmony），还有物质变精神，精神变物质，一种事物转化为另一种事物以及返老还童、奉献礼拜等等。在这一切之中，柯氏不是旁观描述者，他参与其中，画中的"哲人之石"（the philosopher's stone）代表柯氏自己。在画上，乌鸦也是柯氏自己的象征 [不知道是不是因为法语中的"乌鸦"（corbeau）与柯氏的名字谐音的缘故]。

这本诗配画表明他后期笃信：（1）魔力和魔法的存在；（2）人间事物和过程受宇宙苍天的支配；（3）事物本性能够转化；（4）相反相成的对立两极有同等重要性。

他写的诗句充满神秘主义的观念。例如："面孔朝向苍天，思索不可言传的空间，自古迄今，无法把握。""水流停止入海的地方，出现地平面，微小的水滴是海的女儿，它们又是水气的母亲。""一切都变异，一切都转换，变化至高无上，映现在幸福的层面上。""睡眠之深洞，是宽厚的庇护所，生命的一半在夜间。睡眠的博览会，那儿的储藏室之夜丰富无比，我睡着了，啊，原谅我吧"等等，诸如此类。

有一个时期，一部分西方知识分子中兴起了对古代神话、巫术和炼金之类的兴趣。瑞士学者C·荣格于1944年出版专著《心理学与炼金术》，后来又出版《炼金术研究》。如果说柯氏后期的思想同这类著作有关或间接受到影响，不是没有可能的。

学者们又指出，柯氏后期神秘观念的另一来源是某些古代宗教教义，它们是3—4世纪流行过的摩尼教（二元论宗教，起源于波斯）、中世纪基督教的卡德尔教派（Cathar）和11—13世纪在法国南部流行的阿尔比教派（Albigensian）。论者指出柯氏母亲的家族过去秘密信奉阿尔比教派，但此点只是一种参考。

柯氏后期的这些信念和信仰多多少少会渗透到他的建筑活动中来。在建造马赛公寓的时候，柯氏曾坚持把开工日期定在1947年的10月14日。后来又坚持把竣工日期定于1953年的10月14日。有人指出这包含着一种对月亮的信仰。10月份是柯氏自己出生的月份（生于1887年10月6日）。按古代炼金术的历法，月亮周期为28天，取中得14，开工日和竣工日相距6年之久，都在10月14日。纯属偶然巧合的可能性是很小的。中国人过去盖房子，破土、上梁、竣工要看皇历，选个黄道吉日。1988年8月8日在香港被视为大吉利的日子——发发发发，财运一定亨通，香港中国银行新厦也选在那一天封顶。二战之后的勒·柯布西耶为马赛公寓选择他喜欢的吉日开工和竣工自是可能。

朗香教堂设计与修建的日子和柯氏写画《直角之诗》属同一时期，论者认为两者之间存在某种联系，例如，教堂的朝向与天象有关，露天布道台朝向东方，应的是黄道十二宫中的白羊座。白羊座主宰春天。东向代表"春天"，南向代表"冬天"，于是教堂东南角表示"冬天"与"春天"的转折。向上冲起的屋顶尖角象征摩羯座的独角兽，又是象征丰收的羊角（cornucopia）。教堂西边的贮水池中有三个石块，说是初始人类父、母、子的象征。

这些非常具体的描述不免令人觉得有点牵强。不过，柯氏后来具有"天人感应"的思想是确实的。他在谈到印度昌迪加尔行政区规划时说：纽约、伦敦、巴黎等大城市在"机器时代"被损坏了，而自己在规划昌迪加尔时找到一条新路子，就是让建筑规划"反映人与宇宙的联系，同数目字、同历法、同太阳——光、影、热都建立关系。人与宇宙的联系是我的作品的主题，我认为应该让这种联系控制建筑与城市规划"。建筑、城市规划要考虑同自然界的各种要素保持联系，这是没有疑义的，然而强调"人与宇宙的联系是我的作品的主题"，强调建筑与规划同"数目字"、"历法"建立联系，并且起控制作用，这就带上了神秘信仰的色彩。拿昌迪加尔行政区规划的实践效果来看，也难说它是很成功的。

看来，这时候柯氏的行事颇有点讲风水的意思了。对此，中国和外国热心风水堪舆学研究的人可能感到欣慰，并且可以引为同道。

1965年8月27日，柯布西耶在法国南部马丹角（Cap Martin）游泳时去世。一说是他游泳时心脏病发作致死。另一说是他故意要离开人世。曾在柯氏事务所工作多年的索尔当（Jerzy Soltan）在文章中说，死前数星期，柯氏曾同他会面，当时勒·柯布西耶曾对他讲："亲爱的索尔当呀，面对太阳在水中游泳而死，该多么好啊！" K·弗兰姆普敦（Kenneth Frampton）认为柯氏在地中海中自尽可能同阿尔比教派的一种观念有关。这个教派传统上认为自尽是神圣的美德！人的精神由此离开物质可以超升。[16] 前面提到法国存在主义哲学家加缪对自杀的高度评价，可谓无独有偶。

历史上有过不少的著名人物，特别是文学艺术的巨匠们，在他们的晚年会做出一些看来奇怪的、反常或变态的事情，或忽然皈依宗教，遁入空门；或癫狂痴迷，不能自己；或一去了之，不知其所终；或大彻大悟，澄明冷静地自己结束自己的生命，离开尘世。布莱克（Peter Blake）说柯氏自20世纪60年代初就长时间置身于他在马丹角的斗室中，有故意隐退的倾向。[17] 这样看来，勒·柯布西耶自己有意结束生命也是可能的。

4. 再领风骚

20世纪前期，欧洲一些建筑师看到产业革命后建筑的条件和需要有了变化，倡导革新，探索新路。大方向是正确的，但有的地方过了头。现代建筑运动的几位带头人当年提倡现代建筑要像机器那样精确、高效，他们想要清除建筑学中的混沌性、非线性。

但是，没过多久，不过三十来年，除了对手的批判外，现代主义阵营的内部也出现异见。特别引人注目的是第二次世界大战结束后，勒·柯布西耶本人在建筑创作上的转变，具有标志性的就是他在1950年开始设计、1955年落成的朗香教堂。它的建筑风格同柯氏20世纪20年代鼓吹的建筑新风格大不相同。概括地说，柯氏从赞美工业化转而崇尚手工作业，从显示现代化转为追求原始粗犷的意象，从爱好清晰明确转向模糊混沌。朗香教堂凸显一种混沌、非线性的建筑风格。

朗香教堂落成之时，西方建筑界赞颂之声，不绝于耳。可是有一个人写文章就这座建筑提出了"理性主义危机"的问题。文章作者是当今颇有名气的英国建筑师斯特林。[18] 那时候，斯特林先生离开学校门（1950年）不久，羽翼未丰，却提出了很有见地的看法，他说无法按现代主义建筑的理性原则去评论这个教堂建筑，接着又说："考虑朗香教堂是欧洲最伟大的建筑师的作品，重要的问题是应该思考这座建筑是否会影响现代建筑的进程？"

1955年美国的菲利普·约翰逊对那时的现代主义建筑的前景抱有十分

乐观的看法："现代建筑一年比一年更优美，我们建筑的黄金时代刚刚开始。它的缔造者们都还健在，这种风格也还只经历了三十年。"[19] 约翰逊的估计代表了当时建筑界多数人的观点。今天来看，当时的年轻的斯特林看得比别人深远一些，已经隐隐然带有几分"忧患意识"。

朗香教堂确实有违柯氏早先提倡的理性原则，由此可以称之为非理性主义或反理性主义建筑。不过细究起来，建筑创作中的理性和非理性或反理性的界限实在很难细分。每个著名的重要的建筑都包含这两方面的成分，既有理性，又有非理性的成分，甚至可以说缺一不可，缺了任一方面都成不了"architecture"，就具体的建筑物来说只有偏于这一方或那一方之别。朗香教堂固然偏于非理性这一面，然而总觉得称之为非理性主义建筑也并非恰当。因此窃以为从朗香教堂的艺术造型的美学特征和其哲学基础来看，不妨称之为存在主义的建筑或建筑艺术。

战后时期存在主义在世界许多地区广为流传，有的学者认为产生了"存在主义的时代精神"。[20] 存在主义对此后西方文学艺术的影响十分深远，事实上，萨特、加缪等人自己写了不少戏剧和小说，形成了存在主义的文艺浪潮。从世界是荒谬的这个基本观点出发，存在主义的文学艺术作品着重表现荒诞、混乱、不连贯性、无意义性、虚无、冲突、无序，等等，这些也是存在主义文学艺术作品的表现方法和存在主义美学的特征。

朗香教堂是一个实际限制少（使用功能、结构、设备、造价），创作自由度大，表意性很强的建筑。勒·柯布西耶战后时期出自他与存在主义思想上的相通性，加上他在建筑艺术表现方面的娴熟技艺，终于通过建筑的体、形、空间、颜色、质地的调配处置，用一个特殊的抽象形体，间接地、模糊地然而又是深刻强烈地表达出与存在主义观念相通的人的情绪、情结、心境和意象。

按照克莱夫·贝尔关于艺术是"有意味的形式"的说法[21]，朗香教堂的意味是存在主义的意味。它是一座具有存在主义意味的建筑。

许多年前，斯特林先生担心现代建筑的进程是否会改变。幸或不幸，他言中了。20世纪后半叶，批判、修正和背离20世纪20年代现代主义建筑的思潮渐渐占了上风，建筑风格也一再变化。我们回过头去看到的是，在大多数人还没有动作的50年代初，恰恰是当年倡导现代主义建筑的旗手勒·柯布西耶自己率先实现观念的转变，扬弃现代主义，改变了自己原来的建筑风格。

菲利普·约翰逊在1978年回顾20世纪后半叶世界建筑潮流转向时说"整个世界的思想意识都发生了微妙的变化，我们落在最后面，建筑师向来都是赶最末一节车厢。"[22] 这番话大体上是对的，但凡事都有例外，勒·柯布西耶与众不同，他早早地就登上了新的列车，开始了新的旅程。

第一次世界大战后，柯氏为现代主义建筑写下了激昂的宣言书——《走向新建筑》；第二次世界大战之后，他开始了新的征程，却再也没发表理论上的鸿篇巨著，这个工作后来由美国的文丘里补足了。1966年，即柯氏逝世的次年，朗香教堂落成后第11年，文丘里发表了他的《建筑的复杂性与矛盾性》。耶鲁大学艺术史教授斯卡利在文氏的书的序言中提到，它是《走向新建筑》发表之后又一本最重要的建筑著作。斯卡利将相距43年的两本著作相提并论，因为他看到这两本书都是20世纪建筑史上分别代表一个历史阶段的最重要的建筑文献。

20世纪后半叶西方新的建筑潮流的代表们在批判20年代正统现代主义建筑时，对当时欧洲那些现代主义建筑旗手进行大量攻击，对三位重要人物中的两位即格罗皮乌斯和密斯·凡·德·罗正面开火，然而对勒·柯布西耶却有礼貌地让开了，原因很简单，就是因为前两位一直"顽固不化"，而柯氏自己早已转变并且带了个新头。

一个建筑师，在自己的一生中，在两次大的建筑潮流转换中都走在时代和同辈的前面，这是很了不起的罕见的事。

勒·柯布西耶当年提倡理性建筑，三十年后自己带头转身，搞出一座混沌的建筑——朗香教堂。

朗香教堂，不论人们主观上是讨厌它还是喜欢它，或是对之不置可否，它都是20世纪建筑史和艺术史上少数最重要的作品之一。

日本建筑师安藤忠雄面对那座教堂，思绪万千。他写道：

> 柯布西耶的明晰透顶的作品，在某一时期突然变得暧昧起来。……就像是自己背叛了自己一样……站在朗香教堂前，就可以看到柯布西耶本人从'白色时代'转变到朗香教堂时在创作上的迷惑、不安与内心中的自我斗争——这些摇摆不定的心理过程就会毫无保留地传达给来访者，对他的自我否定的斗争精神的彻底性，我只有无以名状的感动。[23]

● 第三部分

中国的近现代建筑

第17章
中国建筑——三千年未有之变局

17.1 中国传统建筑体系

中国幅员辽阔，民族众多，不同地域的房屋状况有所差异，传统建筑表现出一体多元的状态。这里以中国核心区域历史上的房屋建筑为讨论对象。这一建筑体系历史悠久，传承有序，中国历史上主要朝代的高等级建筑，即中国历史上之古典建筑就是这个建筑体系的产物。这个特有的建筑体系是数千年中华文化孕育的产物。它们体现着和凝聚着中国传统文化的诸多特质。

梁思成先生、刘敦桢先生等中国建筑界前贤开创了用科学方法研究中国古建筑的调查研究工作，随后，众多建筑史学者对中国传统建筑进行了持久深入的研究与阐释。中国传统建筑的特质及文化品质，受到国人普遍的赞赏和喜爱，也获得国外有识之士的肯定和赞誉。

世界历史上许多著名的重要的建筑体系，如古埃及的和古希腊的，起初也以木材为主要材料，后来重要建筑物改用石料。而中国的传统建筑始终以木材为主要的结构材料，中国历代建筑匠师，利用木结构建造各种类型的房屋建筑，满足了数千年间上上下下多种多样的需求。千百年来，历代匠师将木构建筑的实用功能和艺术造型的可能性发挥到极致，形成世界建筑花园中独特的木构建筑奇葩。北京的明清故宫、天坛、颐和园，山西应县的佛宫寺木塔，苏州的私家园林……是这个建筑体系的卓越成就和瑰宝。在宫殿、坛庙、衙署等官方建筑之外，中原广大地区民间的房屋建筑，采用相同或相似的构建方式，样态各有特色，具有乡土气息，民间建筑是中国传统建筑体系的组成部分。

如何看待中国传统建筑体系？人们的看法不相同也不固定，在不同的时间段，不同意见者的比例常有变化。

梁思成先生早就指出历史上中国建筑没有大的改变，他写道：

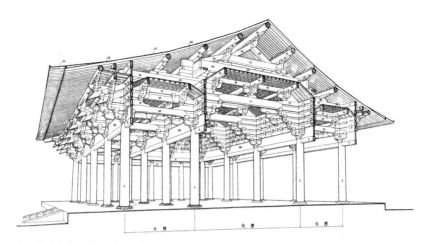

中国传统木构大殿建筑之结构

山西五台县佛光寺大殿（471—499年建）

北京天坛（明永乐十八年，1420年建）

　　汉代遗物所示的屋顶、瓦饰、斗栱、柱、梁、门、窗、发券、栏杆、台阶、砖墙和高层建筑的比例，在原则上，一部分与唐、宋以来，至明、清的建筑，并无极大的差别，并且一部分显然表示其为后代建筑由此改进的祖先。故自汉至清，在结构和外观上，似乎一贯相承，并未因外来影响，发生很大的变化。[1]

　　1934年林徽因先生在为梁思成著的《清式营造则例》一书写的绪论中有更详细的论述。她写道：

　　中国建筑为东方独立系统，数千年来，继承演变，流布极广大的区域。虽然在思想及生活上，中国曾多受外来异族的影响，发生多少变异，而中国建筑直至成熟繁衍的后代，竟仍然保存着它固有的结构方法及布置规模；始终没有失掉它原始面目，形成一个极特殊、极长寿、极体面的建筑系统。故这系统建筑的特征，足以加以注意的，显然不单是其特殊的形式，而是产生这特殊形式的基本结构方法，和这结构法在这数千年中单顺序的演进。[2]

先前的三千年过程中，中国的传统建筑有发展、有变动，但都属于系统本身即内部的成熟和丰富过程中的变化，而未有过根本性的体系性的变异。历代匠师精雕细刻，将这一特定的木构建筑体系的实用与艺术潜力发挥到极致。故林徽因先生指出，中国传统木构建筑是世界建筑历史上一种"极特殊、极长寿、极体面"的建筑体系。这一点与欧洲历史上建筑多变的情况大不相同，我们的传统建筑近乎数千年磨一剑。

时至清末，情况生变。

17.2 李鸿章：中国社会"三千年未有之变局"

1872年，清同治十一年，李鸿章（1823—1901年）指出，由于外国列强的侵略和影响，中国社会出现了"三千年未有之变局"。此语一出，不胫而走，李鸿章当时看到世界的新变化，看出世界局势对中国冲击带来的深刻影响，在同时代中国人中，李站得最高、看得最远，他的话简明扼要，是对中国时局的深刻概括。

李鸿章说的"三千年"，指中国自西周到清晚期的三千年。其间，中国经过许多的朝代更替，经过数度异族的入侵。而清末出现的变局在深度和广度上都超过历史上每一次的折腾。从根源上说，是英国的工业革命引发了世界的近代化浪潮，这一浪潮对中国这个古老的封建帝国产生巨大的冲击，冲击引发了中国社会近代的转型。

李鸿章的那句话也与中国的建筑问题有深刻的关联。国家和社会的变局促使中国的房屋建筑也出现了三千年未有之变局，近百多年来逐步离开了原来的轨道。

中国建筑领域的转轨与转型，是中国近现代社会变局的反映，也是变革的需要和必然结果。

19世纪后期，封建的中华帝国日见衰弱，各个方面渐渐脱离旧的轨道。新的政治经济活动及各方面的变革，对房屋建筑活动提出新需求，给出新条件，形成对中国原有的建筑手段和方法的挑战。在封建的自然经济和农耕社会中产生的传统建筑体系和建筑技艺无法满足新建筑的新需求，而此时先工业化的欧美资本主义国家已开发出了一系列新的建筑材料、技术、形制及经验，中国自然也必须接纳、学习和借鉴外国新的建筑技术和经验。

中国固有建筑体系 "单顺序演进" 并独霸一方的局面被打乱了。

到了民国时期，如梁思成先生所言，"欧美建筑续渐开拓其市场于中国各通商口岸，而留学欧美之中国建筑师起而抗衡，于是欧式建筑之风大盛。……自此而后，建筑师对于其设计样式均有其地域或时代式样之自觉，不若以前之惟传统是遵。"[3]

由是，与中国的社会状况一样，清末民初中国的房屋建筑领域，也出现了三千年未有之变局。变局带来的是房屋建筑的转型与转轨，一方面，出现众多中国从前没有的建筑类型，如议会建筑、学校建筑、体育场馆、大办公楼、电影院；另一方面，旧有的建筑类型，如陵墓、住宅，也逐渐改变了模样。新的建筑类型越来越多，旧变新的幅度也越来越大。

新异的外国的建筑技术和建筑文化传入中国无可避免。

国外建筑技术与文化进入我国，按发生的时间和产生的影响，约略可为四个时段。第一时段：清代晚期；第二时段：民初至20世纪30年代；第三时段：20世纪50至60年代；第四时段：20世纪80年代至今。

17.3　晚清的洋建筑

明万历三十三年（1605年），意大利传教士利玛窦在北京建南堂，外形中式，内部为欧式。后来，一些西方传教士通过在中国各地建造大小教堂，有哥特式、巴洛克式，将多种外国建筑样式带入中国。

清朝帝王的园囿中也出现过洋式建筑。雍正五年（1727年），圆明园开始建造欧式喷泉。乾隆期间又在圆明园中建一组巴洛克风格的 "西洋楼"（1745—1759年）。设计者是意大利人郎世宁、法国人王致诚等传教士。出发点是清朝皇帝的猎奇取乐及 "移天缩地在君怀" 的自大心理。

传教士大都是不搞建筑的神职人员。教堂在中国的命运常有变化，时好时坏。雍正八年（1730年），巴洛克式的北京南堂因地震破坏，清廷赐银一千两重修。乾隆四十年（1755年）焚毁，再赐银一万两重建，颇受重视。而1900年义和团起事，北京的教堂，除在东交民巷者外，全遭破坏。无论如何，经过曲折，西方传教士总算把欧洲的建筑样式带入了中土，在建筑文化方面起了交流作用。

在传播欧洲建筑文化方面，洋商比传教士的作用大得多、强得多。

19世纪初期，在广州做生意的外国商人须住在"十三夷馆"（"十三行"）中，清朝官员对洋人加以种种管制。经过英使交涉，1816年允许住夷馆的洋人一个月可以到郊外野餐三次，还受着监视。

不久，事情倒过来了。清廷与列强打仗，屡战屡败，中国门户大开。甲午战争爆发前，清政府已向外国开放了34个商埠。1845年，英国首先在上海建租界。接着列强纷纷在上海、天津等地得到租界地，租界成了国中之国。各色各样的外国人涌进中国，特别是沿海商埠，他们在中国大摇大摆，贸易经商、开工厂、造房屋、从事房地产投机，大发其财。先是工程师来了，稍后建筑师接踵而至。通过他们之手，种种地道的、正规的欧洲建筑样式传入中国。

洋人的使馆、洋行、银行、住房、旅馆、会所自然建造洋建筑。然而中国人自己早有的各类房屋建筑也渐渐改用洋法造洋式建筑。

19世纪末，张之洞创建汉阳钢铁厂。厂房用钢梁、钢柱及大跨度钢屋架，聘用英国工程师设计和监工，1893年建成，是中国最早的钢结构厂房，而汉阳钢铁厂也成为远东第一家钢铁联合企业。接着又建汉阳兵工厂，由德国人设计，包括炮厂、枪厂、炮弹厂等，1894年投入生产。这个兵工厂生产的"汉阳造"步枪闻名全国。

1898年，慈禧为在西直门外登船去颐和园，在登船处仿当时欧洲府邸建畅观楼行宫。为会见洋人，又在中南海"参用西制"建海晏堂洋式楼一座。在建造过程中，曾"……发还，命工部重造之。迨二次呈进，宫内各人，皆谓较第一次为胜，呈太后亦极形满意。模型既定，太后乃思所以名之者。筹思者久，始定海晏堂三字，而立兴土木矣。太后于建筑之进行，甚为注意。并决定其中之陈设，悉用西式，仅御座仍旧制。余等由法返国时，曾携有器具样本数种，太后细加参考，乃择定路易十五世之式样。"（清·裕德菱《清宫禁二年记》卷一）从这些记载看，慈禧对西洋建筑不但不拒斥，反倒相当推崇。

中国传统的衙署都是单层院落式的布局，院子套院子，房屋散得很开，占地很大，不能集中办公。1906年（清光绪三十二年）清廷推行"新政"，设立一些新机构。原兵部、练兵处、太仆寺合成陆军部，是当时最庞大的机构。为建造陆军部衙署，清廷将今张自忠路的承公府全部拆除，按西法用砖造两层楼房集中办公。屋顶内用新式木桁架，以钢筋做拉杆。这座新的陆军部突破中国传统衙门的定式和木构做法，共有128个房间。

17.4 大转变：1911—1937年

1911年，清朝覆灭。由此到1937年抗日战争全面爆发，中国社会进入了一个异常纷乱、异常畸形，多样且差别极大的特殊时期。在这一时期内，中国沿海几个省份经济发展很快，1927—1937年，经济增长率平均达7％—8％，人称"黄金十年"。大城市如上海、南京、天津、广州等发展尤快。房屋建筑和城市面貌显著改变。不过，内地和广大农村依然故我。

在建筑方面，20世纪20—30年代，时间不长，却是中国建筑业转型的重要时段。因为：

（一）中国有了自己的现代的专业建筑师

他们中许多人从欧美大学建筑系学成归来，具有很高的建筑水平。回国后或开业或研究或创办建筑教育。例如，贝寿同（字季眉）（1875—约1945年）1910年赴德国大学学建筑专业，1915年归国；庄俊（字达卿，1888—1990年）1910年赴美国学建筑；沈理源（名深，1890—1951年）1909年赴意大利学建筑，1915年回国；关颂声（字校生，1892—1960年）在美国麻省理工学院及哈佛大学留学；吕彦直（字仲宜，1894—1929年）在美国康奈尔大学学建筑，1918年毕业；刘敦桢（字士能，1897—1968年）在日本学建筑，1922年归国；童寯（字伯潜，1900—1983年）1925年在美国宾夕法尼亚大学学建筑，1930年归国；梁思成（1901—1972年）在宾夕法尼亚大学及哈佛大学留学，1928年回国；杨廷宝（字仁辉，1901—1982年）也毕业于宾夕法尼亚大学，1927年回国，等等。这批建筑学才俊在学识技艺各方面，不逊于来华的外国建筑师，许多人有过之而无不及。他们回到国内立即显露头角，"一时多少豪杰"，与外国建筑师分庭抗礼。1927年中国建筑师公会成立。

中国有或没有本国的、现代的、专业的建筑师，对于中国建筑事业是至关重要的事。传统建筑的设计和建造，统由手工艺匠师掌控，他们的技能主要通过师徒传授得来，他们建造房屋建筑时，除业主的特别意图外，大都遵循前人传下来的法式和规制。工匠主持的建筑，继承性很强，小改微调多，创新性弱。

现代建筑师大不一样，他们受高等教育，知识面广，科学和艺术水平高，眼界开阔，创造意识强，不断接受新观念、新事物，创作时总在思考另辟蹊径。

（二）中国工程师掌握了结构科学及其他各项技术，能独立进行现代的建筑结构及其他技术设计

中国建筑匠师早就能熟练地运用梁柱、拱券等结构形式，但是，他们对各种结构是知其然，不知其所以然。其实，19世纪以前，全世界各地的工匠在造房屋时都是凭老经验，试着来。那时，结构做法，用料多少，尺寸大小，依据是祖辈积累的经验。直到近代，从伽利略开始，经过许多物理学家、数学家的努力，花了十代人的工夫，才渐渐明白各种建筑结构内在的秘密，从而能在建筑设计阶段，对房屋结构进行科学的、微观的分析和计算，做出合理的、经济的、坚固的设计。工程中的风险减少，并能推出新的建筑结构类型。

（三）设计和建造出多种多样中国历史上从来没有的新型房屋建筑，满足各式各样新出现的生产和社会生活的新的需求

清朝完结，历史悠久的宫殿、坛庙之类的建造活动没有了。现代社会需要建造多种多样新的建筑类型。工业厂房、政府机关、大型会议场所、新型教育建筑、科研机构、大医院、大旅馆、火车站等交通建筑、体育场馆、新型居住房屋、各种公共娱乐场所……这些建筑对我们这个古老国家是陌生的新事物。然而，中国建筑师很快掌握了新建筑的设计技术和艺术。这一情况在抗日战争之前的南京、上海等都市有突出和集中的表现。

1927年国民党政府定都南京后。多位中国名建筑师在那儿设计并建成许多新型建筑物，如著名的中山陵（1926—1929年）、外交部大楼（1933年）、中央体育场（1930—1933年）、中央医院（1933年）、国立美术馆（1935年）等。

（四）有了生产新型建材、设备及施工机械的本国企业

20世纪20年代，西方列强陷于第一次世界大战和经济大萧条，中国民族工业有所发展。许多地方办起生产水泥、建筑钢材和机制砖瓦等的企业。促进了建筑材料的转换。例如，此前水泥要从国外进口，有了价廉的国产水泥，促进了钢筋混凝土结构的使用，改变了以木结构为主的局面。

（五）出现新的建筑工人队伍和施工机构

19世纪中，一位来华的英国传教士曾抱怨说："为筹建新堂事，已劳烦数月，因本地工匠不谙西式建筑，须亲自规画。我侪来华，非为营造事也，因情事不得不然，遂凭记忆之力，草绘图样，鸠工仿造。"[4]

不过，情况很快有了变化。中国工匠迅速掌握了西方建筑技术。最早参与新型建筑活动的是施工工人，谁盖房子都少不了他们。

在这方面，上海建筑工人走在前面，他们既有高超的手工艺，又很快掌握了打桩、吊装、钢结构、水电、冷暖气设备安装等新的施工技术。早先，在外滩建楼要雇日本工匠做汰石子（洗石子）墙面，日本人干活时用布幔将脚手架蒙得严严实实，但做小工的中国工匠还硬是学会了这门技术，不久将日本工匠挤出上海市场。

1928—1937年间，上海新开444家营造厂，其中甲等390家，外国人的仅剩白俄人经营之一家。20世纪20—30年代，上海建成10层以上高层建筑33幢，主体工程全部由中国营造厂包揽。

建筑业的组织和经营也改变了，成立以营造企业为主的上海市建筑协会。建筑行帮历来供奉鲁班祖师爷。到20世纪，上海营造业首先转变观念，重视传播新知识、新技术，努力提高从业者素质。30年代初，协会曾成立"正基建筑工业补习学校"。

以上介绍的是民国初年到1937年抗日战争全面爆发前，中国建筑业人员变革图强的情形。这段时期，仍有外国建筑师在华开业，此时他们与中国建筑师比肩工作，各有所长，既竞争也相互展示交流，相互影响。20世纪前期，西方建筑界涌现多种新趋势、新潮流，出现种种新样态、新形式，引起中国建筑学界的关注，也对房产主有吸引力。来华的外国建筑师中最早有人将西方建筑的最新样式用于大城市中新建的商业性建筑中。突

出的一位是匈牙利建筑师邬达克。

邬达克（L.E.Hudec）在布达佩斯学建筑学。当时匈牙利属奥匈帝国。第一次世界大战中，他被俄国俘虏。1918年从西伯利亚战俘营逃出，流亡到上海，在美国建筑公司找到一份工作。本想赚点钱回家，但大好的工作前景使他留在上海。成立自己的公司后，做一些古典样式的建筑，渐有名气。1927年他到美国参观，回来后将欧美新出现的"艺术装饰风格"及"现代风格"带到上海。1933年，他设计的大光明电影院落成；1934年，22层高83米的国际饭店落成。国际饭店造型简洁庄重，挺拔向上，是当时名流大款聚集之所。大光明电影院造型自由轻巧，采用当时世界最摩登的构图样式，是当时远东最著名的影院。1947年邬达克离开上海，1958年去世。他在上海设计了65座建筑。

20世纪30年代，中国建筑师开始探索中国新建筑民族化的问题。一些新建筑物上加建宫殿式大屋顶。此时，西方许多地方的建筑风向从古典主义转向现代主义，这股风在抗战前夕也开始刮进中国。1933年，最"摩登-现代"的大光明电影院与建有中国传统宫殿式大屋顶的上海新市政府同时落成。不同的建筑思潮和代表性作品，风云际会，同时流行。

不论怎样，从清朝覆灭到20世纪30年代后期，中国建筑从古代传统方式向着近、现代建筑方式转变。在此期间，国人朝这个方向迈出了重要的一步。在设计人才、施工力量、新型建材和设备制造、建筑教育及科学研究诸多方面，全方位地奠定了基础。虽然时间不长，而且范围多限于经济发达地区，但总的看来，经过这20多年的转型和转轨，在中国建筑历史上，有极重要的转折意义。

当年震动全国的新文化运动，对建筑界的变革有明显的促进作用。

17.5　中华人民共和国前二十七年

八年抗日战争和三年解放战争中断了中国建筑的发展进程。

中华人民共和国建立带来新的生机，但在初期，国家经济状况十分困难。经济史著作中写道："1950年7月登记失业工人占当时城市职工总数的21％。1950年7月登记失业工人占当时城市职工总数的21％。人民政府本着'三个人的饭五个人吃'的精神，实行了'包下来'的政策。"[5] 另一本书说：

1950年前后，国家"为了节支，……对不必要的机构和人员加以减缩，军政、公教人员的待遇严格控制。"[6]

开头的十七年中，社会主义改造如火如荼，政治运动接二连三。一切都是政治挂帅，要求"兴无（产阶级）灭资（产阶级）"，强调意识形态的重要性。西方资本主义的东西都要批判，都得抵制。剩下来，各个领域都要向苏联学习。

在计划经济体制下，建筑活动都是政府行为。房屋建筑全是政府的，靠政府拨款建造。建筑师全纳入政府的设计院，思想和行动都须服从组织。建筑人员和其他知识分子一样，全是改造对象。1966年起，搞起了"文化大革命"，十年期间一切乱套，大批设计研究机构撤销，建筑设计人员下放。

出现过怪事。为了"突出政治"，有的地方盖房子，柱子间距定为3.8米，为的是显示解放军的"三八作风"，柱子高度定成12.26米，因为毛泽东是12月26日出生的。1977年落成的长沙火车站屋顶正中安一个火炬，意"星星之火可以燎原"，寓意正确无误，但火苗的朝向犯了大难。向西决不可的，向东呢，又怕说成西风压倒东风。结果只好向上，像一个朝天椒。现在听来如天方夜谭，可笑之极，但在当时比这更荒唐之事还多得很。中国建筑师经历了一个复杂、诡谲、折磨人的时期。

20世纪50年代，党和政府提出一个建筑方针，即"适用，经济，在可能条件下注意美观"。这是政府的政策方针，并非理论性的建筑定义。这一方针反映当时国家财政经济状况，由国家投钱建造的普通房屋也只能如此这般。不过，就有着特别需求的少数建筑物，如国事活动用的建筑，有纪念意义的建筑，实际上还是超脱了这一方针政策的限制。"适用，经济，在可能条件下注意美观"表述的是政府当时规定的一种方针政策，并非准确的普世的建筑定义。

从中华人民共和国成立起到"文化大革命"止，在文化方面，中国与西方几乎隔断联系。建筑方面也仅只以苏联为师。但苏联的建筑，实际上，从技术到艺术，并不先进，顶尖的也不过二三流而已。我们努力"学苏"，结果乏善可陈。不久前笔者去俄罗斯参观，觉得在建筑方面，我们当年被"忽悠"了。

然而，在中华人民共和国成立头十七年的条件下，我国的建筑师和工程师，为恢复国民经济和国家的工业化热情工作，作出了重要贡献，也推出了一些成功的作品。北京的人民大会堂是其中一个亮点。这座大会堂在使用功能、工程质量、设备利用，材质与色彩和内部装修等都很成功。在造型方面，有时代性又有适度的民族性，二者结合，让人感到新颖而庄重、威严。大会堂内外造型还隐隐参照了外国古典建筑及现代建筑的成分，显示中外古今皆为我用的气度。

这个大会堂在形制与形体方面，与近旁的天安门城楼属于不同的建筑体系和传统，一个是历史中国的建筑结晶，一个代表新的中国，两者在总体上存在巨大差异，但在细微的地方又有共同之处。所以虽然靠得很近，人们并不觉得它们格格不入，互相冲突，反倒认为它们各有千秋，关系和谐。孔子说"君子和而不同。"[7] 天安门广场上这两座"君子型"的宏伟建筑物的关系达到了"和而不同"的效果。

梁思成在1959年一次建筑界会议上发言说："从人民群众的要求中，我们可以理解到群众是一致要求建筑具有民族风格的，但是我们也可以理解到群众所要求的民族风格并不是古建筑的翻版。"又说"在革新的过程中，旧的有所破，新的有所立。在破与立的过程中新的就产生出来了。"

50多年的使用经历，表明这座大会堂是合用的、得体的、站得住的，能作为新中国表征的建筑物。我们不可忘记，20世纪50年代建造人民大会堂所依赖的人力、物力、技术和经验，是20世纪前期中国建筑界实行转轨、转型后积攒下来的成果。

17.6 改革开放的中国当代建筑

中华人民共和国建立初期，中国受到西方许多国家的封锁，许多领域基本上只能与当时的苏联和东欧社会主义国家交流，建筑方面也是这样。其中当时苏联建筑界的影响特别明显。

北京和上海建有苏联建筑师设计的展览馆，影响不小。北京等地出现了一些当时苏联流行样态的建筑物，后来被称为"苏式建筑"。

改革开放以来，随着国际环境的变化，国家经济政治政策的调整，中国的国剧增，社会的方方面面发生巨大变化，建筑领域也出现显著改变。

中国人民革命军事博物馆（北京，1959年）

清华大学图书馆扩建部分（20世纪90年代，关肇邺设计）

北京中央电视台新楼（2000年，库哈斯设计）

浙江美术馆（2008年，程泰宁设计）

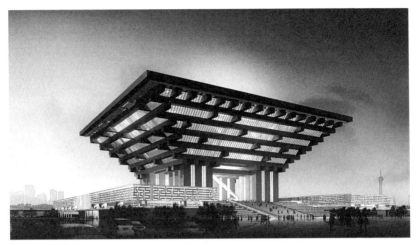

上海世博会中国馆（2010年，总建筑师何镜堂）

凤凰中心（北京，2013年，邵韦平设计）

　　笔者在大学建筑系讲外国建筑史课多年，但在50岁前却从未出过国门一步，从未见过一幢真正的外国建筑物。现今的建筑学子对此直觉不可思议。

　　20世纪末期至21世纪，情况大变，国际建筑界交流频繁，人们来来往往，设计师和社会公众眼界大开；人们对世界上种种的新奇建筑渐渐抱有开放、宽容心态，摆脱了狭隘的视野。在这样的社会背景下，北京出现了国家大剧院、中央电视台新楼等外国建筑师的建筑设计方案。许多省市也建造出海外建筑师的设计作品，如剧院、航站楼等。

　　现今许多青年到国外接受建筑教育，建筑师纷纷到世界各地考察历史的和当代的建筑。中国建筑师也开始走上了百家争鸣、百花齐放的"双百"之路。

　　这是现代建筑应有的正常、正确的发展道路。

第18章

传统与现代

18.1　建筑形象更替转变的特点

历史上出现过很多的建筑样式，有些已经消亡，有的流传到现在。许多都经过世代匠师的精雕细刻，改进提高，经过时间的检验和筛选，是人类历史的宝贵遗产。像古希腊、古罗马的柱式体系、中国古典木构建筑的形象，都达到了非常完美的程度，被视为建筑形式美的范式。在千百年的运用过程中，它们的样态与人们厮守相伴，像家人或老朋友似地产生了感情，积淀在人们的心目中，成为相关群体的"集体记忆"，有的还进入他们的"集体潜意识"。

自然科学和机电技术一类的东西，一代又一代，如同江河后浪推前浪，对旧日的物件没有或很少牵挂，割舍容易。建筑形象不然，群众对旧日建筑那些特定的样态、情境、气氛，非常适应，非常合拍。许多家国故事，人生传奇，都与老建筑联系在一起，怎会轻易忘却！

新建筑出现后，许多旧建筑被新的取代，令许多人伤感。新建筑出现的初期，有人发出反对的声音。1849年，英国著名艺术和建筑评论家拉斯金（John Ruskin，1819—1900年）强烈反对新出现的建筑样貌，他说：

> 我们不需要新的建筑风格……我们现在已经有的那些建筑形式对于我们是够好的了，它们远远高出我们之中任何人所能达到的；我们只要老老实实地照用它们就是了。[1]

然而，如果时代有了重大转变，社会生产方式发生剧变，推动建筑改变的力量是巨大的，终于无法阻挡，许多甚至大多数建筑迟早要出现变化。新建筑增多，旧建筑渐少，但是，另一方面，我们看到要求维系固有建筑文化的力量也很强劲，在有悠久建筑传统的地方更是明显。

　　房屋建筑与多数人造的应用物件不同，它们与人之间的关系非常特别、异常复杂，远不止于实用而已。历史上延续时间较长的建筑样态，都是那个时代文明的结晶。进入新的时代，实际情况必定是，在新型建筑蔓延的同时，一，旧建筑继续存在。少量旧屋可以很快改换成新房子，但千百万上亿人正在住用的老房子谁能立即将它们变成新屋呢。二，传统建筑中的一些元素和成分或迟或早会融入新的建筑之中。

　　新建筑和原有建筑的关系牵涉面广，复杂多样。就较大的范围看，新老房屋一定长期并存，比重改变，但老建筑不会绝迹。古今中外都是这样过来的。

　　佛家认为变不可避免，而生命是"非断非常"、"相似相续"。非断，即没有断，但也非恒定，前后、新旧相通相续。[2]

　　房屋建筑是人类文化的产物，与人性关联，其演变更迭与人相似，总体上也是"相似相续"、"非断非常"。

18.2　六十年前的"大屋顶"事件

　　20世纪50年代中期，有一阵子，我国建筑界出现在新建筑物上加用传统大屋顶的趋向。这做法是在"社会主义内容，民族的形式"的说法下形成的。

　　中华人民共和国成立初期，政府不曾提出明确的建筑方针。梁思成先生出于他深厚的民族感情，出于他对我国古建筑的深入研究和厚爱，以及毛泽东在《新民主主义论》中所讲中国新文化应是"民族的、科学的、大众的"的原则的启发，主张中国新建筑应有民族的形式与风格。他又指出"屋顶在中国建筑中素来占着极其重要的位置。……屋顶不但是几千年来广大人民所喜闻乐见的，并且是我们民族所最骄傲的成就。它的发展成了中国建筑最主要的特征之一。"

　　梁思成先生的观点具有权威性，很快传播开来。新建筑上加用传统样式的屋顶成一时之风气。

　　宫殿式琉璃瓦屋顶的造价是普通瓦顶的10倍。当时计算，北京12项建筑工程由于用琉璃瓦大屋顶及其他装饰，造价多花了近500万元，在当时是一笔可观的数目。北京友谊宾馆（1956年）主体用青灰色砖墙，中央有绿色琉璃瓦重檐歇山大屋顶；宾馆礼堂与餐堂也用了琉璃瓦。在反浪费运动中成了反面典型，受到批评。

报纸上登出一幅漫画，画中慈禧太后对宾馆设计者说："你真是花钱能手，我当年盖颐和园都没有想到用琉璃瓦修饰御膳房！"极尽讽刺之能事。

北京友谊宾馆主楼（1956年）

其时，政府开展运动的目的是为了降低建筑造价，以应对共和国成立初期的经济困难局面，实质是政府的经济行为，并非学术批判。

梁思成先生为自己的观点助长了建筑中的浪费现象作了认真的检讨。在反浪费运动中，建筑师们自觉地进行反省。在研讨中，大家把北京友谊宾馆那样的建筑叫作"复古主义建筑"，把那种建筑观点叫作"复古主义建筑思想"。

为迎接第一个十周年国庆而兴建的中国美术馆、农业展览馆、民族文化宫等几座公共建筑中，又有了琉璃瓦顶的身影。其中，民族文化宫由先前设计北京友谊宾馆的总建筑师张镈先生设计。民族文化宫的琉璃瓦顶体量不大，造型新颖别致。20世纪90年代，北京做过一次关于建筑形象的评选活动，民族文化宫得票最多。

关于国庆十周年时建造的建筑，梁思成先生在一次建筑界的会议上发言说："从人民群众的要求中，我们可以理解到群众是一致要求建筑具有民族风格的，但是我们也可以理解到群众所要求的民族风格并不是古建筑的翻版。"又说，在国庆工程中，"我们所看到的民族风格的表现，很少是能够在古建筑里找到完全一样的东西。……在革新的过程中，旧的有所破，新的有所立。在破与立的过程中新的就产生出来了。"他概括说国庆工程表现的是"新而中"的建筑风格。[3]

六十多年过去了，现在回过头想，那些被称作"复古主义建筑"的建

民族文化宫（北京，1959年，张镈设计）

北京民族文化宫一角（1959年）

筑物所担当的功能，使用的材料、技术、设备，资金的来源和服务对象等等，与两百年前都不一样，更别说古代了。事实上，在现代条件下，除了修复古时遗下的文物建筑外，真正复古的建筑，不说没有也是极少极少。

北京友谊宾馆，其实质是20世纪50年代中国人自己建造的一座高质量的现代化宾馆，设计一流。它与许多新建筑不同之处是在形式的某些部位，参用了中国古典建筑的一些形式元素。

北京友谊宾馆建造的时间正值新中国成立初期经济非常困难的时刻。历史地看，如果该宾馆晚建几年，与张镈先生后来设计的民族文化宫同时兴造，就不会节外生枝出现那么多事了，实系生不逢时也。

18.3 有身临其境感的记忆载体

怀旧是普世现象，古今都有，古人怀念更古的人。在不同的历史时段，怀旧的表现不同，时强时弱，时隐时现。

近几十年，在世界许多地区，怀旧的思潮与活动在多种多样的文化现象中凸现出来，这是现代化自身引出的怀旧情结。越来越多的现代人过着"时常怀旧的现代化生活"。

怀旧者先有怀旧的意识，接下来盼望和需要有看得见、摸得着的能表现昔日文化的事物和气氛加以配合。在国家级的文物保护工作之外，多种地方机构，最多的是旅游部门，也采用多种措施保护和修复有价值的文物古迹。有爱好、有能力的人，在自家厅堂里挂一二幅古人字画，摆上几件古玩，置放一套明式家具，即能显出古色古香的怀旧味道。动作大的如修整一座徽派老屋，仿造一处苏式园林，恢复一条往日的名街名巷，等等。

就怀旧效果来看，建筑无疑是最有效、最给力的手段。我们去到一座古庙，走近一座教堂，心理情绪即有反应。单个建筑物都起作用，一个广场，一个建筑群，一条老街老巷，一片旧时留下的小桥流水人家，对人的心理作用更大更深。

字画、古玩、雕像、家具与人接触的时间、空间都有限。房屋建筑不然，你先是在外面瞻仰观看，在房屋之间徘徊盘点，又可进到园内、院内、屋内细细琢磨打量。建筑物把人包裹在内，可动可静，可坐可卧，历史悠久的老屋对人的身心施行全覆盖，更能引发思古之幽情。

仿古的建筑比不上真迹，但如果规模较大，做得认真，成为旧日建筑的"高仿品"，也会引出人们心理上亦真亦幻的感觉。

中国人如此，外国也一样。在18、19世纪的美国，建筑方面刮过一阵"希腊复兴"风，不仅重要建筑地道逼真地仿效古希腊建筑样式，连小县小镇的小教堂、商店、住宅，门脸上也造几根古希腊式柱子或柱廊。笔者在美国小镇上见过用红砖砌的、木条拼的和生铁铸的希腊式柱子。我看见过一座小教堂用木条拼柱子，外刷白漆，远看像回事，走近一看，破损处露出马脚。先觉得寒碜，又感到当时人用不起石材，想方设法寻找替代材料，惨淡经营，实不容易。

有一阵子，美国有些大学为表明西方的大学源于宗教机构，饮水思源，数典不忘祖，校园里流行建造哥特式建筑，从欧洲请来擅长哥特式建筑的技工，造了不少"学院哥特式"建筑。人进入那种大学校园，很容易产生一种特别的追思怀旧之情。

* * *

浮想联翩有时会引出亦幻亦真的错觉。有一年，笔者在山西五台山参观佛光寺大殿，那时游客很少，可以住宿。黄昏时分，殿内只剩我一人，从殿门向外望，群山寂寂，白云悠悠。身旁唐塑佛像环绕，个个肃穆端庄安详。当年佛光寺的供养人宁公遇女士的塑像也静坐其间。"昔人已乘黄鹤去……白云千载空悠悠。"霎时间，我觉得自己好像就活在唐朝的某一天。

又一次，在山西应县佛宫寺木塔某一楼层内，同行者已经上去或下楼，我一人在那里，上下左右是粗壮的木构件，是辽代原物，我夹处其间。九百多年过去，木料表面干瘪皱缩，如老人皮肤，而辽代匠师的卓越技艺和缜密的心思，仍存留在那里。往事越千年，我身处古人的建筑里面，当年的业绩历历在目，触手可及，非常奇妙。李白诗曰"今人不见古时月，今月曾经照古人"，当年这座辽代高层建筑里全是辽代人士，刹那间我竟觉得自己仿佛也是其中一员。

这是瞬间的幻觉。佛光寺是唐朝真物，应县木塔是辽代原件，都会引出人的幻觉即错觉。

18.4 传统融入现代

传统建筑与近现代建筑的关系非常复杂，且常有变化。多次成为建筑风格变换的核心议题。

在我们中国，近代以来，晚清之后，房屋建筑领域结束了数千年一贯的局面。就建筑形象来看，在固有的官式建筑和传统民间房屋之外，外国历史上的建筑样式首先进入，随后欧美近代、现代建筑样式陆续进来。眼下，各色外国当代建筑又接踵而至，五花八门，各个不同，人们眼花缭乱又眼界大开。建筑审美眼光也渐渐改变和明显分化了。

中、外、古、今的建筑差别很大，它们是不同自然环境和不同人文环境的产物，其中，中国传统建筑与西方近代、现代、当代建筑之间的差异尤多、尤广，差别大而明显。

许多人慨叹现今中国的建筑太杂太乱，这是实情。这种"杂乱"不自今日始，中、外、古、今多种多样的房屋建筑凑集在一个城市里，杂乱很难避免。

"杂"与"乱"相连，但性质有所不同。"杂"是必然的。曾有一种看法，认为那是帝国主义侵略的结果，这是表层现象，深层原因在内部。中国社会在近代发展停滞，数千年发展出来的卓越辉煌的建筑体系是前工业社会的产物，到了近代和现代不够用了，无法充分满足现代国家和社会的需要，在出现短板的地方，需要采取"拿来主义"的办法，引入先发达国家现成的有用的建筑技艺。

外来建筑带来"杂"的局面，但是，一，不可避免；二，有益；三，是进步的代价。外国建筑初来的时候，清朝皇帝把它们当"西洋景"赏玩。后来，那些外来的与我国固有建筑异质异形的新型建筑，由于适合新的需求，数量增加很快。与铁路初入中土时受到阻碍不同，国人实事求是，上上下下程度不同地接纳了外来的建筑文化，很快接受了房屋建筑多样化、多元化的局面。

"全盘西化"不应该也没有可能，"部分西化"需要且已实行。在交通、军事、服装、房屋建筑等等方面，说中国今天已经"半盘西化"，并不为过。

房屋建筑既要满足物质功能的需求，又要符合思想精神上的要求。后一方面要求的大小多少，视建筑物的用途、重要性和地点位置而定。一般的房屋，适用、经济、可能条件下注意美观就行了，但国家性、纪念性和有特定历史地理意义的少数建筑物，形象有讲究，需特别注意。这些建筑物在做成一座现代建筑的同时，或多或少，需显示出中国特色或中国气派，让人知晓那是一座有中国根性的现代建筑，非无国籍的普通建筑。

重要的新建筑的造型应该有中国特色的问题早就提出了，有近百年的历史。既要是现代建筑，又要有中国特色，说来容易，做来不易，而且看法不一致，至今存有异见。

从根源上看，我国的现代建筑不是从中国固有的传统建筑中产生出来的新品，而是从境外移植来的物种——建筑。要求异质、异构、异形的外来建筑具有中国特色，可以做到，办法也多，但是，要做得让多数人认可满意，则不容易，有一个摸索实验的过程。

卓越的建筑都是一次性的，成功的建筑要有独特性，有新的创意，每次都要有所突破，不能"萧规曹随"，拾人牙慧。20世纪中，美国建筑师波特曼做了许多旅馆大厦，他说每做一个新楼，都要与自己上次做的那个竞争，没有创新就会失败。人们对建筑的态度、要求和审美口味总会改变。

建筑精品佳作的出现有不可预见性，因为建筑形象有艺术的成分，客观条件之外，创作主体要有灵感，神来之笔何时来临有偶然性，没法预定。

近百年来，中国建筑界在这方面已有多方向的实践，走过曲折的道路，也有成功的实例。

南京中山陵是早期的一个成功实例。1925年3月12日孙中山先生逝世。葬事筹委会向海内外征集陵墓建筑方案，规定"祭堂须采用中国古式而含有特殊纪念性质，或根据中国建筑精神特创新格"。征集收到40多份方案，前三名都是中国建筑师作品。青年建筑师吕彦直获第一。记载称"采用吕彦直建筑师所绘图案，完全融合中国古代与西方建筑精神，特创新格，别具匠心，庄严俭朴，实为惨淡经营之作。""中外人士之评判者咸推此图为第一。"[4] 施工期间吕彦直驻工地指导，竣工前数月，吕彦直因病于1929年3月18日遽然去世，年仅35岁。数十年来，中山陵受到国人和海外华人的高度评价。

20世纪20年代，建筑界出现一股创造中国的新建形象的思潮，官方也有所要求。1929年，南京首都计划规定政府建筑要采"中国固有形式"。1933年，上海新建市政府大楼，当局事先提出"市政府为全市政府机关，中外观瞻所系，其建筑格式应代表中国文化，苟采用他国建筑，何以崇国家之体制，而兴侨旅之观感。"可谓义正词严。

其时多见的做法是在砖石和钢筋混凝土主体上加建清代宫殿式大屋顶。南京许多个政府建筑，如南京中央博物馆（1939年）、北平协和医学院（1925年）、北平燕京大学（1926年）、上海市政府（1929年）、北平图书馆（1931年）等，都采这种样式。当年这类建筑有多种名称："中国固有形式"、"传统复兴式"、"宫殿式"、"混合式"等。也引发多种议论。

设计这样的建筑形象，有中国建筑师也有外国人。有几位在华的外国建筑师对于在中国建造的宗教和文教建筑，也相当注重建筑要有中国特色。比如，北京图书馆主要是由"中华教育文化基金董事会"（处置美国第二次退还庚子赔款的机构）筹建的。从一开始，建筑事务就由外国建筑师主持，建筑设计条例中规定"其工程在建筑使用上容许之范围内，应取近于中国宫殿式。"⁵1927年收到17个参赛方案，旋即寄往美国建筑学会审查评定。名次定出后启封作者姓名，第一、二名者为外国人，中国人获第三名。建成的北平图书馆，是一个具有精致宫殿外形而功能完备的现代图书馆。

不久，大家认识到，具有完整宫殿外貌的现代建筑，只能少量为之，不可推广。因为今天采用中国传统建筑式样，建筑费大增，且不尽合用。随后，新建筑上的传统元素日见减少，趋于弱化和变形。上海中国银行大楼（建筑师陆谦受）是一座有中国特点的高层建筑，而只在局部采用传统檐口和装饰图案，效果很好。

从我国传统建筑中选取最具象征性的局部或细部，作为中国传统建筑文化的符号施用于新建筑，这种符号式的点到为止的方式，直到现在还被采用。建筑师戴念慈设计的锦州辽沈战役纪念馆（1986年），外貌是光墙面的体块组合，墙顶做出雉堞，喻示城墙。入口部位立有高度简化的中国牌坊，寓意凯旋和记功。戴念慈惜墨如金，用了几个传统建筑符号，点到为止，就使这座辽沈战役纪念馆既有现代性又具民族性。

符号式的点到即止的做法属于创造性承传的范畴，世界建筑史上并不少见。竖一个十字架，造一个穹隆顶，采用某种特定的券式，都能标示出那座建筑物的根性。

曾经有过对中西"混合式"建筑的批评，认为不纯正，不正规，不地道，不合规矩，指斥是折中主义，集仿主义。这类意见近似蓄养宠物者追求猫狗血统纯正的观念。我们以为，需要纯正又能纯正当然挺好，但也应认可不必纯正的建筑采取混合的做法。近代以来，不同文化交流大盛，常常需要采长补短，混合不可避免，混合即接合、结合、综合。问题不在混合与否，关键在于技艺高低。

传统融入现代，实质是古与今的结合，这样的建筑，从"古"的方面看不是纯正的"古"，从"今"的眼光看也非完全的"今"，从两方面看，都在"似与不似"之间，属"不似之似"。

齐白石说"作画妙在似与不似之间，太似为媚俗，不似为欺世。"如果不是建筑考古，很多人会同意齐白石的画语也可用于建筑形象方面。

建筑物不显示国籍便罢，如需要显示国别，便不免要或多或少借重历史建筑。

前些年，伯明翰大学当代文化研究中心的学者提出"接合理论"（theory of articulation），认为"接合是一种连接形式，它可以在一定条件下让两个不同的元素统一起来。""接合即是在差异性中产生同一性，在碎片中产生统一，在实践中产生结构。接合将这个实践与那个效果联系起来，将这个文本与那个意义联系起来……。"学者认为接合概念或许是当代文化研究中最具生产力的概念之一。[6]

18.5 仿古建筑的审美品质

当今世界有许多突出的文化现象，其中之一是"怀旧"，一段时间以来，怀旧已成为一种普世性的文化情怀，到处都有怀旧的言论、举动、措施。

怀旧兴盛的直接原因在于现代社会本身。

现代社会不停地快速变动，个人、家庭、住处、生计、前景都存在不确定性，普遍的不稳定、不安定。人的安全感、温暖感、家园感日益消逝。

越来越多的人怀念"老年间"的"老时光"，兴起了现代"乡愁"。"怀旧"是精神层面上的"重返家园"。

怀旧主体需要有怀旧客体，即怀旧对象。能表达和满足怀旧情愫的东西多种多样，有史、有物、有艺术作品，最具体的是遗物。

历史遗物有真的有假的，所谓"真古董"与"假古董"，还有第三类："半真半假的"。它们是新制的仿品，不过因为与昔日的事物有某种关联，如某次历史事件、某位历史人物、某项考古发现、某一历史传说，以至某位名人曾到哪里一游等。如果与这些事项之一有所关联，这新造的仿品便成了"半真半假"的怀旧对象。

人们都爱真古董，看不起"假古董"和"半真半假"之物，这些称谓已成骂名。不过冷静地想想，真古董既少又贵，不是大款大腕有几个能玩真的，能遍见真古迹的人也不多。笔者爱好肤浅，上不了台面，又囊中羞涩，见到名窑瓷碗、名人字画，弄清楚是假货和印刷品后才敢询价，原因简单，因为无法贵族式地和考古式地赏鉴古董，只好降格以求，聊胜于无。

多年前笔者在北京古玩城，见出售仿启功先生的字，有一人的仿品令我喜欢，索价每幅50元，因为早上刚开张，遂以20元一张成交，购了三张至今仍在我家壁上。像我这样的人很多，假古董遂大行其道。

能引起怀旧效用的建筑物也分三类：（一）真的古建筑；（二）假的古建筑；（三）半真半假的仿古建筑。

真古建筑是过去留下的，经建筑界先贤及后继者百年来的调查搜索，中国国土上尚未被发现的真古建筑已经极少了。第二类新造的假古建筑数量也少，常是亭、廊、桥之类小品而已。最多见的是半真半假的仿古建筑，凡有历史名城称号或意识的地方都爱造这类建筑。

为什么不全心全意按古法炮制，好好建造全真的仿古建筑呢？

因为造出来的建筑要真的使用，跨度常比过去大，需坚固、防火、抗震，这就不能单用木材、石灰、砖土，少不了钢材、水泥、玻璃，再加机电设备，如此这般，一来二去，即使尽力仿古，也落得半真半假的结果。

若说半真半假的仿古建筑没有存在的价值，亦不尽然，那要看对谁而言。对建筑学家特别是建筑史专家，半真半假的仿古建筑没有价值，但是，对社会公众而言要另说。

社会公众对"古"建筑、"古"街巷的本真性并非不关心，但不去深究。多数人都非专家，既不清楚旧貌，又无考据癖，看到大致的旧的轮廓色彩，感到环境气场与他处有别，再加上思古之幽情，参访者大体就能满意。

笔者于1947年到北京，见过老前门大街的真容，前些时去到整容后的新前门大街，认不出来了。大型玩具电车叮当驶过，孩子们和外来游客觉得好玩，笔者因旧日回忆还在，只能哑笑。又在街面上寻找旧物，好像只见到几家老字号还挂有老旧的店名匾额。但是，从外地游客和孩子们的角度看，也应同意。

老城改建，如北京前门大街，要满足现代城市的新需求，又要保住旧时街道特色，顾此失彼，太不容易。

胡适说历史是任人雕刻的大理石，过去受到批判。其实他有一定道理。历史事实只有一个，但历史文本是人编写的，不同人书写的历史就有差异，谁能绝对准确！谁会全部符合实际！历史不免含有论述者的主观见解。

对于已经消逝的建筑和城市，人们的描述、回忆、构想、判断、评价，也难免存在差异、偏移和缺失，在怀旧之风盛行的时候，在历史认知问题上出现偏差更是常见，本真性多少都会打折扣。

柳宗元写道："*夫美不自美，因人而彰。兰亭也，不遭右军，则清湍修竹，芜没于空山矣。*"[7]美离不开人的审美体验，美不是天生自在的，没有外在于人的实体化的"美"。

怀旧也是人的一种体验，怀旧之感并不完全来自对象本身，同时取决于体验者观照者阐释者对于怀旧对象的想象和表达。怀旧对象是一个情感中介，有了中介还需要怀旧主体的慕想、建构、创造，主客两方契合，那半真半假的仿造建筑才会成为怀旧主体的怀旧对象。面对同一个仿古建筑，不同人有不一样的感受，从漠然无感者到好似重见上国衣冠而欣喜者都有。

现在许多人怀旧之情源于对现实不满意，大家想着过去比现在好。台湾作家李敖曾说他想做唐朝人。半真半假的仿古建筑可以引导和协助人想到过去，遐思历史，短暂进入半真半假、半实在半虚幻的昔日时光。

怀旧者的历史观因此涂上了一层主观色彩，历史被加进了塑造、想象的成分。历史事实的很多方面被揭示、被宣扬，同时另一些方面被遮蔽、被掩藏，这是常有的现象。

对历史上的北京城的看法是一个例子。封建帝都的北京城的宏伟壮丽已被充分显示，但它的短板和缺失少有提及。历史上北京城的卫生状况如垃圾、粪便的处置是短板之一。

一本关于北京历史的著作中写道："20世纪以前，北京人没有卫生这一概念，在对城市的管理上也没有卫生这一项目。那时，人们'随地便溺，成为固习'。街道上、胡同里，垃圾、渣土深及脚踝。城内多处的晒粪厂使空气中弥漫着阵阵恶臭。人们形容北京的环境卫生是'粪盈墙侧土盈街，当日难将两眼开'，遇到刮风，便会'十丈缁尘，仆仆满目'。"[8]

香港邓云乡先生在所著《北京四合院》中写道："在清代北京居民有一非常坏的习惯，就是随地大小便的习惯。"邓先生引1900年仲芳氏编写的《庚子记事》中的记载："近来各界洋人，不许人在街巷出大小恭，泼倒净桶。德界……男人出恭，或借空房，或在数里之外，或半夜乘隙方便，赶紧扫除干净。女眷脏秽多在房内存积，无可奈何……偶有在街上出恭，一经洋人撞见，百般毒打，近日受此凌辱者，不可计数。"邓先生叹说：八国联军侵入，北京才有洋人贴出"不准沿街出恭"的告示，"这明、清两代，堂堂五百多年的皇都，在此点上未免太不文明了。"[9]

中国古人说"道在屎溺"，信哉斯言，可说也白说。

在尊古怀旧倾向影响下，有的人的历史观加进抒情化的成分，出现诗意的历史论述。

事实上，仿古建筑以及仿效任何特定风格样式的建筑都是半真半假。

"半真半假"这个词语一般是贬义，但换个角度理解，又表示"有古有今"、"新旧结合"，及在"似与不似之间"，虽然"血统"不纯正，却另有一功，别具魅力，常常是人们看重和艺术家追求的效果。在有的地方，有的时候，有的场合，仿古和仿效特定风格的建筑是有用的、需要的，甚至必要的。

南京中山陵的建筑在很大程度上仿效了中国传统陵墓建筑的造型，如果与中国传统建筑没有一点关系，不易显示孙先生是中国的领袖。可如果完全照搬，又不能将民主革命先行者与封建帝王区别开来。所幸，建成的中山陵处理得十分恰当。

如果是在乌鲁木齐市建纪念性建筑，其形象最好吸收维吾尔民族传统建筑的某些特征，以展示当地文化特色；如在西安建造重要的文化性建筑，宜适当仿效唐代建筑的风格样态，让现代人感受点滴物化的盛唐文化气息，这是大众喜闻乐见的做法。

虽有这样的好处，但切不可忘记我们是为现代中国人建设合适的城市和房屋，这是主要任务，是主流。现今国家、社会及个人的需求及条件大异于前朝，仿古建筑和仿古的城市风貌只能个别为之、少量为之，在建造之前须认真研判项目的合理性与正当性，不可率性而为，必须防止随意跟风而上。

第19章

"文化综合创新"与建筑创作

19.1　张岱年：文化综合创新论

张岱年先生（1909—2004年）是我国当代著名哲学家，思想广博深邃，深得学界景仰。他在文化观方面提出的"文化综合创新论"对我国社会主义文化建设有重要的意义。

张岱年指出，文化是静态结构，没有一成不变的文化，它处于变化发展之中。文化变化的根本原因在于物质生产。

物质生活是精神生活的基础，而精神生活有高于物质生活的价值。

许多人认为文化是一个有机的整体，张岱年持不同看法，他认为文化是化合而成的系统，文化可以析取，不同文化之间，可以选择能相容的部分引进重构。

中国人自古重"和"。

公元前780年，西周末，史伯与郑桓公对话时提出："夫和实生物，同则不继。以他平他谓之和，故能丰长而物归之。若以同裨同，尽乃弃矣。故先王以土与金木水火杂，以成百物。……声一无听，物一无文，味一无果，物一无讲。"[1]

公元前522年，晏婴说："若以水济水，谁能食之？若琴瑟之专一，谁能听？同之不可也如是。"[2]

孔子说："君子和而不同，小人同而不和。"

张岱年继承发扬中国传统智慧，强调"兼和"，指出，"和"中包含"众异"，在众异之间取得平衡即"兼和"。

文化无法凭空创新，是在综合基础上的创新。我们珍视中国传统文化，又综采外来文化之长，建立一种更高的新文化。

张岱年写道："不同文化相遇，其前途有三种可能：一是孤芳自赏，拒绝交流……二是接受同化，放弃自己原有的……三是主动吸收外国文化的成果，取精用宏，使民族文化更加壮大。中国文化与西方文化相遇，应取第三种态度。"

张岱年对"拔夺"即"扬弃"作了明晰的解说，他说："辩证法中有否定之否定，新事物之出现，及拔夺（扬弃）作用。创造的综合即对旧事物加以拔夺（扬弃）而生成新事物。一面否定了旧事物，一面又保持旧事物中之好的东西，且不惟保持之，而且提高之，举扬之；同时更有所创新，以新的姿容出现。凡创造的综合，都不止综合，而是否定了旧事物后出现的新整体。决非半因袭半抄袭而成的混合。"

他写道："文化的发展固然需要继承，也需要发挥创造精神；固然要尊重前人的成就，更不应放弃自己进行新的创造的责任。"

以上是张岱年先生哲学思想的若干片断。[3]

不言而喻，张岱年的这些哲学思想与中国现代建筑创作有重要关系。

哲学观念对建筑师具体的设计实践不一定有直接的助益，但是，笔者以为，对于正确认识中国近现代建筑的诸多现象和问题，以及考虑中国建筑的走向，则是十分重要和有益的。

在文化方面，近代中国到了必须变革不可的境地，面对着中、外、古、今多种多样不同的文化，张岱年先生提出"文化综合创新论"。在建筑方面，到近现代，也到了非变革不可的地步，同样面对着中、外、古、今多种不同的建筑体系，也必须走综合创新的道路。

张岱年的文化理论符合中国近现代建筑的实际状况，在大多数情况下实际需要，因而不胫而走。实际上，中国近百年来的建筑发展，虽然没有"综合创新"之名，也不是出于多数人的自觉，但面对现实，走的就是"综合创新"这一条路。鉴往知来，也是今后很长时间内中国建筑的方向与路线。

19.2 综合建筑众生相

百年来，中国大多数新造房屋建筑一步步转型、转轨，基本上脱离了传统样态，渐渐形成多种建筑的综合产物，城市中大众的居住建筑尤其明显。与传统房屋相比，新造的房屋建筑没有法式的约束，法无定法，自由多样，边界模糊，不再有过去那种固定的相似的样态，全世界都这样。

先工业化国家的近现代建筑，是自身社会条件与需要促成的，属"内发自生型"。我国的近现代建筑则是从外部移植过来的，时间上大体晚于发达国家一百多年，是属"外发次生型"的近现代建筑。

中国建筑师在中国做建筑设计，一开始就处在中外古今建筑并存的环境之中，面临着如何抉择，如何处理的问题，有人有时可以不管不顾建筑传统，有人有时必须要管要顾。要管就要面对中外古今建筑的差异，要处理种种先天的矛盾，要在差异中产生统一，创作出新的结构。这既是挑战，也是机遇。

对建筑传统"管"或"不管"，看似建筑师自己的决定，实不尽然，这事与许多因素有关，最重要的是"天"、"地"、"人"三项。

"天"指时间，"地"指地点，"人"指社会人文状况。

"管"与"不管"都有例子。有高大上成功的，有马马虎虎平庸的，有奇特可笑的，也有随便乱来的。

北京人民大会堂是综合创新建筑中高大上成功的例子。它与英国议会、美国国会、德国国会、联合国大厦、巴西议会等等外国同类建筑都完全不同。它的造型中有不少中国古建筑的元素，具有中国性，但与近旁的明清故宫又是两码事。就布局构图，完成的功能，采用的材料、结构、设备等方面看，它是现代建筑，但是又与欧洲古典建筑形象有相近之处（如立面上的石材柱廊）。如果设计者没有对外国古今建筑的了解与学养，绝对设计不出这座大会堂，然而谁也不能说它是哪个外国建筑的翻版。半个多世纪的使用经历表明，北京人民大会堂是中国建筑师六十多年前综合创新的优异成果。

还有许多建筑，大型的如南京中山陵（1929年）、锦州辽沈战役纪念馆（1988年）、杭州浙江美术馆（2008年），小的如青海玉树嘉那嘛呢游客中心（2013年），等等，都是成功的例子。

各地都有能人有兴趣有办法将中、外、古、今多种建筑的成分和元素加以组合利用。沈阳同仁堂药店（1930年）中西合璧的立面比较常见，具有代表性。近代有些洋事物，如火车，初入中国时遇到过阻力，而建筑不同，洋房洋楼却一直顺当，除了义和团，上上下下都接受。

许多人喜欢"洋气"的房屋，另一些人则偏爱"古风"，"穿衣戴帽各有所好"，对房屋建筑也是这样。近代约束既少，新造建筑的样貌便越来越多

南京中山陵（1929年）远景

南京中山陵（1929年）近景

南京中山陵主殿（1929年）

南京中山陵碑亭（1929年）

南京中山陵祭堂（1929年）

沈阳某公共建筑物建时形象

沈阳某公共建筑门面由西式改建成中国传统形象

沈阳某公共建筑，由西式建筑变脸为中式

上海旧时报馆（1930年）

样。林子大了什么鸟都有，房屋建筑日益多样，定就会出现奇特的令人意外的例子。

民国时期，20世纪30年代，有一阵子，政府提倡建筑采用"中国固有之形式"。风气所及，上海旧时报馆（1930年）在入口处贴建一座"宝塔"，怪而有趣。当时连上海的"百乐门"舞厅也造了一个有中国古建元素的大门。

沈阳张作霖"大帅府"的大门及中轴线上的院落是地道的中国古典建筑，这一部分显然是当年大帅府的核心区，不过是象征性的，因为，真正办

上海百乐门舞厅入口（20世纪30年代）

沈阳张氏帅府

沈阳张作霖帅府办公楼

事行政都在后面的洋楼里进行。帅府周围还有几座洋楼住人,它们都是洋建筑师设计的。大帅府建筑贯彻了"中体西用"的方针。早些年,笔者在沈阳曾见过一座图书馆,正立面上有几根西洋柱子,似乎是旧日留下的西式建筑。数年之后,碰巧又经过那里,见到的却是中国传统样式的建筑。好生奇怪,心想大概是旧的拆除另造的新屋,不料,多看几眼又发现那里仍是原来的老房子,因为那几根西洋柱子隐隐然还健在,猜想是为了赶上潮流,有人略施小计,在原立面上添加一些中式的部件、构件,部分改头换面,虽有破绽,却能使一般人认同那是一座"民族形式"的建筑。

应该承认,这些有意思的奇妙做法都属于"综合创新"的范畴。

建筑之事与世间其他事物一样,都是三六九等,多种多样。大家都在综合,都不得不综合,结果不会一样,有的高尚卓越,有的平庸一般,有的奇怪滑稽,差别不可免,不可能全出精品,此事古难全。

想到美国建筑师文丘里主张宽容大度,接受平庸的建筑(ordinary architecture),是少有的实事求是的高见。

第20章

行进中的中国建筑

20.1　为中国建筑转型转轨鼓与呼

中国建筑的转轨、转型是一个由隐到显、由少到多、由点到面，并且多次中断的演变过程。这个过程何时开始很难断定，我们暂以清末建造的陆军部作为起点的标志。

清光绪三十二年（1906年），清政府施行"新政"，将今北京张自忠路一王府拆除，建造陆军部。这个新成立的政府机构跳出中国传统衙门的定式，是两层砖造的洋式楼房，由北京几家营造厂承建，设计者也是中国人。保存下来的陆军部的档案中记载："委员沈琪绘具房图，拟定详细做法，督同监工各员监视全署一切工程，……于光绪三十二年二月鸠工庀料，分饬各厂开工，于光绪三十三年七月间全工一律完竣。"[1] 这座完全由中国人设计和施工的政府建筑于1907年竣工，若以此作为中国建筑近代转

北京清末陆军部衙署（1907年）

轨、转型的开端标志，到今天近110年。

清末民初，中国建筑业落后于西方，材料设备方面缺失尤多，短板不少。可以说，中国近代建筑是在西方列强的欺压之下起步的，因此，常使国人有屈辱之感。中国社会的转轨、转型迫使建筑业必须转变，国人奋起直追，终于在百多年内逐渐旧貌换新颜。如今变了，许多方面我们走在了世界前列，可以援助别人。我国正在大力"去产能"，产能过多从一个侧面表明中国建筑业的进步兴旺。

试想，如果中国建筑业没有在20世纪实行转轨、转型，仍然沿袭传统的建造方式，局面就难说了。现在我们补上了历史的缺课，虽然并非十全十美，但已经有条件有能力与先进国家在同一赛场上并驾齐驱，我们应该为此感到高兴。

20.2 转型不是抛弃，是扬弃，是进步

社会转型要求建筑转型。

张之洞建造汉阳钢铁厂和汉阳兵工厂，为什么不把任务交给"样式雷"，而老远地聘用英国人和德国人，将工程交给洋人去做？这绝非因为张大人崇洋崇外，不喜欢中国建筑，实在是由于"样式雷"担负不了那种任务。中国匠师从来不用钢铁造房子，什么工业、什么厂房见都没见过。"非不为也，是不能也。"没法，张大人只得去拜托洋人。

"样式雷"是民国以前中国顶级的建筑团队，是中国传统建筑文化水平最高的传承者。他们善于按照传统形制用木材、砖石、琉璃瓦等材料，为皇帝们建造气派宏大、华美精致的宫殿、坛庙、园林、陵寝之类的最高级建筑，但不会造钢铁厂、兵工厂。"样式雷"造不了，其他工匠更不行了。

问题出在哪里？

前引林徽因先生那段文字中说："故这系统建筑（指中国传统建筑）的特征，足以加以注意的，显然不单是其特殊的形式，而是产生这特殊形式的基本结构方法，和这结构法在这数千年中单顺序的演进。"

房屋建筑的结构法与所用材料相关，有什么材料，就会有什么样的结构方法，材料与结构是造房屋建筑的关键。世界建筑在近代发生的最根本的变化，就在这最"足以加以注意的基本结构方法"这个方面。工业革命

中国当代城市建筑演变

后，重大建筑废弃旧式结构，改用钢铁水泥结构，影响大而深远。

中国传统房屋大部分采用木梁和木柱构成的框架支承重量，墙的作用主要是填充和隔断。一般情况下，木柱的高度和木梁的跨度受限于木料的长度和强度，这种木构架不适于做多层房屋。坡屋顶是由逐步缩短的横梁叠置而成。为防受潮，木柱不可直接伸入地下，需立在台基之上。木构建筑为防雨水，要用出檐大的屋顶覆盖，一如人在雨中戴顶大草帽。

这是关于产生中国传统建筑"特殊形式的基本结构方法"的粗略描述，在近代以前，在东亚地区，中国建筑文化是全面成熟的强势建筑文化，对周围地区的建筑有很大影响，而自身受到的外来影响不多。这结构法产生的建筑在数千年中确是单顺序的演进，高级建筑始终以木材为主要的结构材料，未出现重大的改变。

中国建筑的历史就是这样，与外国建筑史不同，一本中国古代建筑史就把从远古到清代的建筑全包括在内了。同世界其他地区的建筑文化相比，我们无疑是"极长寿"的长者。我们固然可以为此感到骄傲，但数千年下来一直没有大的改变，没有大的吐故纳新，结果如林徽因先生所言："始终没有失掉它原始面目。"

这种状况好不好？

好不好要看能否满足需要。在社会没有重大的变化的时代，建筑保持不变或仅有小的改动就可以满足需要了。但是到了近代，在中国出现三千年未有之变局后，对建筑的需求有了变化。20世纪初，中国改朝换代，经济转轨，城市生活方式蜕变，需要大量种种新的建筑类型：火车站、工业厂房、新型医院，办公楼、大型商业建筑、大旅馆、大学、电影院等，这些都是中国从来没有过的。它们的跨度和高度比传统木构建筑大得多、高得多，要有很高的防火性、防水性，要抗振动、抗风力、抗腐蚀，坚固耐用，节省土地，等等。这就要采用强度高的钢铁、水泥、砖墙作为结构材料，运用科学的结构设计方法、安装多种建筑设备、采取新的施工方法。单凭木工、泥水匠等的经验无法解决问题，要由受过高等教育的知识全面的建筑师主导设计，才能造出高等级的新型房屋建筑，方能满足现代社会方方面面的新需求。

中国建筑业近代转型和转轨的目的是要能够建造新的建筑类型，提高房屋质量，比从前节省土地，简言之，即"提质增效"。事实上，英国人、

北京正阳门火车站（1903—1906年）

上海老火车站（20世纪初建）

北京饭店老楼（1917年）

清华大学大礼堂（1920年）

德国人从前也不会建造新型房屋。他们是在工业革命引起的建筑转型中才掌握新的建造方法。我们将欧美国家20世纪的新建筑同他们先前的建筑加以比较，可以看出欧美各国建筑在近、现代转轨和转型前后的重大差异。美国国会大厦同纽约联合国大厦相比，差异就极明显。

中国传统建筑尽管极特殊、极长寿、极体面，在近代和现代，不能满足新的需求，不够用了，都是"非不为也，是不能也"。所以，中国建筑的转轨、转型不是可有可无的事，也不是列强侵略才会发生的事。外因是条件，内因是根据。外国人入侵是外因，内因是中国社会历史发展决定的。前工业社会条件下产生的建筑必须转化和发展出现代的建筑。建筑的现代化是国家和社会现代化的必要条件之一。

梁启超在所著《变法通议》中说："凡在天地之间者，莫不变，故夫变者，古今之公理也。"又说："大势相迫，非可阏制。变亦变，不变亦变！"在百年左右的时间中，尽管战争和纷乱占去许多年月，但我国的建筑业在艰难中变轨、转型，曲折前行，时空跨度大，新旧反差大，困难很多，震动面大。回看过去的一百年，中国建筑业一步步蝉蜕龙变，告别古代面向现代，意义非凡。

　　前面谈的是中国传统建筑在近、现代转型和转轨的必要性和必然性。那么，新出现的建筑与传统建筑之间存在怎样的关系？

　　经过转型和转轨，旧事物转化为新事物，是新事物对旧事物的否定。许多人以为否定是纯粹消极的东西，是旧事物的完全终结。事实上，在事物的新陈代谢过程中，新东西对旧事物不是全盘肯定，也不是完全抛弃，而是既克服又保留，即黑格尔所说的"扬弃"。"扬弃"是包含肯定的否定，这是辩证的否定观。发展是连续性与间断性的统一，这是辩证的发展观，也是实际情况。

　　建筑的转型与转轨是辩证否定的明显的例证。

　　世上每一类建筑都是从另一种类建筑转化而来的，以后还要转化为他类的建筑。新建筑在代替旧建筑时，不可能采取"三光"政策，都是既克服又保留。保留不仅指保存现存的旧房屋、旧建筑，而且指新造的建筑虽然与传统建筑明显不同，但新建筑的内部和外部也会含有传统建筑中对新建筑有用和有益的成分、元素、技术、部件和部分形态。仔细考察，我们可以看出，新旧建筑之间不可避免地存在着某种历史的联系。

　　辩证否定在建筑转型中表现得很明显，这与建筑的属性有关。建筑有绝对性又有相对性。与其他工程物相比，建筑为人所造，为人所有，直接为人所用，除了物质生活，又与人的心理和精神生活有避不开的关系。因而，建筑不是单纯的土木工程，而是高度人性化的工程物。这就使建筑这一特殊的人造物具有高度的相对性，又有高度的主体性。

　　物质生活方面的事说改就能改。有了抽水马桶，传统木马桶很快退位。但精神生活方面的事改起来就不容易。人的欣赏趣味，喜好追求，年轻人改变较快，大多数人相对难改。新型茶具有优点，但很多人还是偏爱紫砂壶。总的看来，与精神文化相关的东西，变化起来一般都慢，原因是人除了理性同时又有感性和感情。建筑与社会文化状况和人的情感紧密联系，变化过程复杂多样，不可能一刀切，总是此起彼伏，反复又反复。

　　讲到建筑，常见有人只赞美传统建筑，赞美过去的匠师。认为现在的建筑差劲，比不上过去，也瞧不上现在从事建筑的人。有人为此伤感，为此惋惜，提出中国现在建筑做得不好，原因在于我们的建筑师没有好好学习中国古代建筑。

　　古今建筑孰优孰劣，见仁见智，各不相同，全面比较十分不易。每个人都可以提出并坚持自己的看法，无须一致。这里只想指出，经过辩证的否定，中国传统建筑一方面出现间断性，同时又有连续性，带来的是建筑的提质增效和广阔前景。中国近代的建筑转型、转轨不是退步而是历史性的大进步。

1929年落成的南京中山陵是一个例证。设计者是在美国留学的建筑师吕彦直。中国革命先行者孙中山先生的陵墓，绝不能像封建帝王的陵墓，也不能照搬外国陵墓的格式。中山陵与明清皇帝的陵墓大不一样，但又明显采用了明清陵墓建筑的许多元素。吕彦直建筑师对中国传统建筑文化采取了既继承又否定的方针。非常适合于纪念中山先生伟大的革命功绩，建成以来获得中国人民和海外华人的一致赞许。"样式雷"造不出这样的中山陵，世界别的地方也出现不了这样的伟人陵墓。南京中山陵是中国建筑近代转型、转轨过程中间断性与连续性统一的实例。

20.3 建筑文化的时空性

建筑文化的时空性体现在古、今、中、外。任何国家或地区的城市，只要历史稍长，近期经济尚可，那儿的房屋建筑必然是有古时的、又有现代的，古今并存，差别在于质量有高有低，数量比重不同而已。除了无人居住，完全失去活力的城市，如意大利的庞贝，才会有古无今。

古今并存是由于城市历史一般很长，一代代的后来人都会新建房屋。后人要按自己的条件和需求建造。即使在中国，清朝人的生活与唐朝人就有差异，不会完全照唐朝人的样子造屋。社会大变革之后更是如此。时移境迁，民国时期的大官大款就不再新建清朝王府式的大宅了。北京城里也未见有人再新建地道的大四合院。

近代中国有了洋房，同样，世界其他后发达国家城市也出现外来的建筑。引进先行者的建筑技术和经验，聘用外国建筑师，采用他们的建筑设计，属于正常的文化交流的范畴。清末李鸿章、张之洞、盛宣怀这样做了，民国年间更是如此。匈牙利建筑师邬达克在上海就造了65幢建筑，都相安无事。不料，在国家施行改革开放的国策之后，因为外国建筑师在中国几座大型建筑（国家大剧院、奥运场馆、几座航站楼等）设计竞赛中胜选，引起我国一些建筑师一阵子不满和反对。

　　为什么反对？因为他们把外国建筑师设计的国家大剧院、国家体育场（"鸟巢"）、央视新楼等建筑，看作是"把中国当成新武器试验场的妖魔鬼怪建筑物"。2005年《北京青年报》刊发的一篇文章中写道：外国建筑师"将他们的价值与文化观念强加于我们。……其结果是，慢慢地我们用外来的观念观赏建筑，用外来的思维方式来思考建筑"。作者说这是"文化殖民主义"。当年北京一个名为《CBD TIMES》的中文杂志刊登文章，大字标题是：《外国建筑设计师强势入境——狼来了，羊该怎么办？》把中国建筑师比作被狼追逼的羊，耸人听闻，打的是悲情牌。

　　这类意见从爱国主义出发，却不符合实际情况，并且严重情绪化了。现在的中国不是昔日的中国，外国建筑师是报名参加我们主办的设计竞赛，主导权在我，怎能把外国建筑师看成殖民者，还把他们比作狼，把中国建筑师比作羊！兴许这是近代中国人长久受欺侮留下的弱国心态的残余表现。

　　外国人设计的建筑真的会改变中国人的价值与文化观念吗？不能说一点没有影响，但不会很严重，更不可怕。李鸿章专请美国人设计住宅，康有为住进德国人造的洋房后欣喜不已。谁能说李、康两位大人就此不爱中国，不爱中土文化了！建筑和建筑艺术起不了那么大的作用。

青岛康有为故居（原为德国建筑）

20.4 建筑文化的层次性

文化学者告诉我们，文化并非铁板一块，一种理论认为从外向内可分四个层面。一，器物文化；二，制度文化；三，行为文化；四，观念文化。器物文化在最外一层，比较松动，最易改变，越往里去越稳固，越难改变。建筑文化研究起来很繁难，粗略看来与文化的四个层面都有关联，但主次轻重程度不一。绝大多数的房屋建筑主要属于物质和器物的层面，改变与否对一个民族的核心文化的影响相对不大。

这一点，以写出《文明的冲突》而闻名的美国学者亨廷顿也注意到了。他说："喝可口可乐，并不能使俄国人以美国人的思维方式考虑问题，就像吃寿司不会使美国人以日本人的思维方式考虑问题一样。在整个人类历史上，流行的风尚和物质商品从一国传到另一国，但从未使接受这些东西的社会的基本文化发生多大的变化。那种以为通俗文化的商品的传播取得了胜利的看法低估了其他文化的力量，同时也把西方文化浅薄化了。"[2]

眼下，世界上穿西服的人，数中国的最多。在穿着打扮方面，质量虽然还不很高，而就数量来看，借用一位美籍华人学者的话，中国没有"全盘西化"，至少已经"半盘西化"了。有一阵子，把外国建筑师承担一些中国建筑设计的事说得那么可怕，呼叫"狼来了"，自己吓唬自己，近乎杞人忧天。

梁思成先生说，近现代中国的建筑可分为"中而古"、"中而新"、"西而古"、"西而新"四大类。我理解，这也表明中、外、古、今并存的状况。在全球化时代，谁都离不开谁。地球那边将要建一个大建筑，尚未动工，这边中国人即刻知道了。中国建筑界与外国建筑界声息相通，人员来往频繁紧密，在这种情况下，中国四类建筑的比重出现变化无可避免。

20.5 有望出现更多具有中国风貌特色的现代建筑

房屋建筑牵涉面很广，与之有关的事物，就性质来看，可归为两类，一类是物质方面的，如建筑材料、结构、设备、施工、使用需求等；另一类是精神方面的，如订货人的思想意图、设计的方法与经验、建筑物的样貌、风格、格调等。

　　物质方面的问题，一般存在客观规律和标准，可以按理性处理解决。而与人的思想精神有关的事情后面有民族、社会、历史、文化、政治、信仰、习俗等大背景，人的主观需求，理性与感性缠在一起，有时还含有非理性成分，所以处理这方面的问题，单凭理性往往说不通，需要兼顾人的感性和感情。

　　在建筑转轨、转型过程中，物质性的东西优劣好坏明显，争议不多，容易接受和改变；对于精神性的主观性强的事项，要不要改，怎么改，众说纷纭，莫衷一是。对建筑样式的看法与喜好更是分歧，改变起来拖泥带水，很不干脆。

　　中国建筑的转轨、转型是伟大的、成功的，但没有结束，也不会有结束的一天。中国古人要求"**苟日新，日日新，又日新**"，希腊古人讲"**变是唯一的不变**"，差别只是在变的快慢。

　　早先几百年才出现变化，后来渐快，到了近代，柱式、法式、范式衰退，建筑师大大松绑，几十年就出现变化。如今，建筑之事高度分散又相对自由，建筑师人自为战，由于电脑的加入，建筑师的每个奇思妙想、异想天开的造型几乎都有办法实现。建筑领域更呈现出日日新、又日新的局面。

　　任何地方如果经济还有一定的活力，多少都会造些新屋，那里的房屋建筑必然有老的，有旧的，又有新的，老、旧、新并存。那个城市的面貌，如果不是下过死命令，就不会整齐划一。

　　学者阮炜写道："一个文明有选择、为我所用地接受利用乃至发扬光大其他文明的成果，表面上看并非是一种伟大卓越的创造活动，实则是一种内涵丰富、轰轰烈烈的文明史事件。这种表面上看很被动的活动也许不能称为'第一性'创造，甚至被视为模仿……但只要假以时日，则完全可能迸发出巨大的创造能量。罗马人相对于希腊人如此，中国文明相对于西方文明来说当同样如此。"[3]

　　阮炜又指出："一个文明可以汲取甚至结构性地吸纳另一个文明的要素而不改变自己的同一性，甚至可以在涵纳多种文明要素而不丧失其历史主体性的同时，仍然葆有其独特的文化身份。这种文化身份虽不是一成不变，但却具有某种一以贯之的根性。从古至今，各伟大的文明无不如此。"[4]

过去一百年，中国建筑的转轨、转型受到西方的引领，我们是学生，在学术技术方面受惠于西方先进国家。现在中国成长了，中国有巨大的经济规模，有巨大的文化能量，已开始重新显现自己的创造力。

近日，英国学者，《金融时报》首席外交评论员吉·拉赫曼出版新著《东方化》（Easternization），指出中国迟早将成为世界最强大国家，各国都将被迫适应这种新现实。在这种情况下，我们仍要不骄不躁，继续学习别人先进的东西，同时也要在"变时代"保持自己的文化定力，有坚守，有创新。

中国现在的建筑呈现为多元多样并存的局面。仿古的、似古的、本土的、仿民居的、西式的、似西式的、最前卫的、非线性的、平庸的、低俗的、匪夷所思的，比比皆是。广谱多样，已成常态，未来还会是这样。

所以，有中国特色或中国气派或中国风貌的建筑只会是多元中的一元，有这一元就够了。这一元中也是多样，成色不一。现代社会建筑量大、分散、自主性强，历史上那种近似相似大一统的场景不会再有了。现在的建筑必然循包容式发展的路线前行。

●

附录

附录1

慈禧谈中外建筑

一次，慈禧会见外国使节夫人，"导之入其卧室中，而请伊文斯及康格夫人坐焉。太监等于时进茶，一如恒时。太后乃请伊文斯夫人稍羁于京，而观各处寺庙焉。曰：'吾国虽古，然无精美之建筑如美国者，知尔见之，必觉各物无不奇特，吾今老矣！不者，吾且周游全球，一视各国风土。吾虽多所诵读，然较之亲临其处而周览之，则相去远甚。'"[1]

慈禧言：

当余居西安时，虽以督署备余行宫，然其建筑太老，湿重，且易致病。余寓其中，如入地狱。继皇帝又因是病矣。今欲一一语尔，为时颇长。思余生平，备尝艰阻，而以末年为最。苟余有暇，当为尔详言之。[2]

附录2
关于北京城市面貌与王蒙先生商榷

王蒙先生是我非常敬重的中国作家,一向非常爱读他的作品。但对他在所著《中国天机》中的几句话有些不同看法。王蒙写道:

> 我们要的是现代化的、欣欣向荣的北京,在这个意义上说什么新北京是可以接受的,但我们不要改变面貌,不要全然的新。北京的价值在于它的文化记忆与历史积淀,北京的魅力在于它的古色古香,北京的意义在于它提供了完全不同的一个城市面貌,真正的一个有着现代意义的北京不是对于它的历史的排斥而是对于它的历史的珍惜,不是对于它的原来面貌的摒弃而是对于它的旧有面貌的保持与坚守。北京如此,整个中国也是如此。中国的存在的理由很大程度上在此。在这个意义上,老北京的意义大于新北京。[1]

我以为这段话有对有错,有几处不敢苟同,因为不符合实际情况。

"我们不要改变面貌",事实是清朝末年,北京城就开始变了。就说城墙吧,1896年(光绪二十二年)京汉铁路通车,其后更多的铁路开通。北京城墙陆续被铁路打出缺口。1915年拆除正阳门瓮城,到1931年为止,北京城墙被拆出7个豁口,一个瓮城被穿通(崇文门),一座箭楼(宣武门)被拆除,两座角楼和5座箭楼孤悬城外。而北京城墙脚下建造了大小15座洋式火车站。自清末开始,北京城内出现许多洋建筑,东交民巷和王府井一带则成了洋风貌区。

北京成了新中国的首都以后,北京添了许多新东西,不可避免地出现更多更大的变化,进入新的扬弃过程,但并没有"全然的新"。北京不可能全盘皆新,也不可能全盘皆旧,它不是完全的古城古貌,也不是全面的新城新貌,而是旧中有新,新中有旧。呈现在世人面前的北京已是古城新貌。

伦敦、巴黎、柏林、罗马都有悠久的历史,都是古城。以巴黎为例,

16世纪的巴黎有人口20万。当时人们随地便溺，满街污秽。使用尿盆的人往往在屋内喊一声"当心水！"随即把污水从窗口倾出，路人躲闪不及，便会遭殃。17和18世纪法国王权鼎盛时代，富丽堂皇的卢浮宫的院子、楼梯背后、阳台上和门背后都可方便，谁也不怕被人看见，管宫的人也不加干涉。1606年8月8日，上谕一切人都不准在宫里随地方便，可是当天晚上皇太子还是在卧室里冲着墙大溺特溺。

在19世纪中期进行改造前，巴黎全部400公里的大小街道中仅130公里有地沟，大多数街道污水横流，塞纳河是接纳污水的"总阴沟"，巴黎有"臭气之城"的外号。

进入19世纪，欧洲那些老城大都进行了改建扩建，早已不是先前的旧模样，人们今天在那里看见的全是古城新貌，无一例外。

不要说城市，就连任何一个有活人住的住宅内的陈设、家具，都不可能一百年不改变面貌。

附录3
纽约世贸中心大楼损毁事件

　　1985年，笔者在美国曾经尽可能多地参观调查日裔美籍建筑师雅马萨奇的建筑作品。正要去拜访雅马萨奇的时候，传来他去世的消息。笔者后来写了一本介绍这位建筑师的小书。[1]

　　2001年"9·11"事件发生，纽约世界贸易中心大楼毁塌。事发第二天上午，香港凤凰卫视的记者迅即采访我，我向他们大概介绍了纽约世界贸易中心两座大楼的结构状况。就大楼受攻击的电视实况，我说大楼并非不堪一击，并不是被飞机撞倒的，估计是飞机将燃油带入楼层内引发大火，高温使钢结构变软，失去支撑力，导致上部楼体压下来，终于使整个大楼逐步坍毁。促使我如此估计的有另一个历史事件。19世纪后期芝加哥造了许多铁结构的楼房，当时那是一种新兴建筑材料，人们都以为铁结构房屋

纽约世界贸易中心双塔楼（1962—1976年）

既结实又防火。但1871年芝加哥发生火灾，火势蔓延很快、很广。事后研究发现，正是原先以为能防火的铁构件，在大火的高温中很快变软，失去强度，导致楼房倒塌。在熊熊大火中有些铁材融化成炽热的铁水，铁液流到的地方，立即又引起大火，火区不断扩大，那是历史上一次有名的城市火灾。

"9·11"事件之后，各国专家的调查研究表明，纽约世界贸易中心双塔楼的损毁主要是由于汽油燃烧的高温使钢结构丧失强度造成的。

距今60年前的1945年6月28日，上午10点，一架美国B-25轰炸机在浓雾中撞上纽约帝国州大厦的第78

世界贸易中心大楼墙面

和第79层，大厦外墙被撞开一个6米宽、5.5米高的洞。飞机重12吨，带有3000升汽油。当时消防队员乘电梯上去，用30分钟把火扑灭了。

但"9·11"的事故规模比60年前帝国州大厦事故规模大得多。

第一架波音767飞机的重量超过120吨，以每小时630公里的速度冲向北楼，专家计算其对大楼的冲力为3260牛顿，而大楼设计得可以抵抗飓风横扫大楼时高达5840牛顿的冲击力，所以大楼并没有被飞机撞倒。但是飞机的冲力集中在一个楼层上，足以把这一层的外墙柱撞断。波音767翼展47.6米，在撞上北楼第96层的北墙面时，将北面35根外墙柱撞断，飞机冲进楼层，但这一层楼的另外150多根外柱和中心井还未破坏，暂时支撑着96层以上的楼体重量。

问题是飞机本来要飞往洛杉矶，载有3.6万升航空汽油，撞上世贸中心大楼时，飞机中还剩有近3.1万升汽油，大部分储藏在机翼油箱里。大量汽油带入楼层中，引起爆炸和大火。大楼的钢结构上没有防火层吗？有，大楼钢构件上的防火层预计可以防止钢构件的温度升到1100℃以上，超过这个临界点钢材会变形。但是波音767飞机撞击大楼时的强烈震动，把一些钢构件上的防火隔离层震掉了。专家计算，如果没有保护层，钢结构在10—15分钟内就会坍塌，世贸中心大楼遭袭后支撑了一段时间，表明大部分隔热层发挥了作用。

北楼在遭袭1小时40分钟后坍塌，南楼在撞击后56分钟塌毁，北楼遭袭在先而后坍，南楼遭袭稍迟而先坍。主要原因是南楼撞击点在第81层，上面的重量大，压下较快，北楼的撞击点在第96层，其上的层数较少，因而能够支撑较长时间。

3万多升的汽油在楼里熊熊燃烧，大楼成了大火炉，钢结构终于在高温下变软、熔化，世界贸易中心成了恐怖的人间炼狱。

遭受袭击后北楼挺立1小时40分钟，这段极其宝贵的时间让96层以下的楼内人员几乎全都跑出来了。当时在96层以上的人，由于楼梯间全都破坏而无法逃生。另外，上百名登楼救人的消防员在楼梯间内里罹难。

南楼遇袭后有一个楼梯间暂时还能走人，使81层以上的一些人得以逃生。

"9·11"恐怖事件使世贸中心内的3000人丧生，但有9000人活了下来。专家指出，遭遇那样猛烈的攻击，大多数建筑物会立即倒塌，而纽约世界贸易中心大楼延迟塌毁时间，与它们采用的特别的结构体系大有关系。所以英国的《新科学家》杂志有文章说"塔楼的设计拯救了数百人"。

对于摩天楼历来有赞成和反对两种意见。"9·11"事件发生后，反对的意见顿时高涨。我国建筑界也出现新一轮抨击超高层建筑的声浪，无非是说超高层建筑不安全，太危险。有文章以纽约世界贸易中心为例，说超高层建筑"不堪一击"，不合中国国情等等，要求北京、上海等地拟建的超高层建筑赶紧下马。

太高的楼房发生灾难时，人员逃生确实比低层建筑困难，正因为这样，所以建筑工程专家一直都在研究和改进超高层建筑的防灾、减灾和灾难发生时疏散逃生的措施。上海金茂大厦高421米，经过认真周密的论证和设计后于1998年建成的。这座大厦设有高度自动化的探测和快速消除灾害苗头的设施，及疏散逃生的多项措施。业界曾在金茂大厦中召开高层建筑防灾的国际会议。

中国今后还会不会，还要不要建造超高层大厦是可以讨论的问题。但是从纽约世界贸易中心两座高楼坍塌引发的许多议论看，不少人在分析大楼灾难发生的原因时，把重点放在超高层建筑的"高"字上面，强调大楼技术方面的问题，而忽略"9·11"惨剧的政治性质。40多年前建造的纽约世界贸易中心在设计时已经考虑了火灾、飓风、地震等破坏力量，但是实在没有想到恐怖分子劫持飞机带着大量燃油瞄准它正面撞击。在1945年B-29轰炸机在雾中撞向帝国州大厦事件后，纽约世界贸易中心的结构设计专家考虑到飞机撞上大楼的可能性，不过当时谁也没有料想到会有相当于B-29轰炸机10倍重量的大型客机的有意冲撞。

著名英国结构设计专家N·福斯特明白指出："建筑师根本无法设计出能应付恐怖事件的大楼。飞机被恶人操纵而成为会飞行的炸弹，而且飞机也越造越大。"

纽约世界贸易中心也不只是因为它高而成为袭击目标。2001年9月11日9时38分，恐怖分子劫持美国航空公司从华盛顿机场起飞的第77号航班的波音757客机，撞击了华盛顿附近的国防部总部——五角大楼。机上6名机组人员和53名乘客全部罹难，五角大楼内125人丧生。五角大楼不是摩天楼，它在地面以上仅有5层！

纽约世界贸易中心是美国经济力量的象征，五角大楼是美国军事力量的象征，恐怖分子把这两座建筑作为攻击目标，是出于政治考虑，只要能产生重大政治影响，哪管建筑物是高还是低！

建筑师塞西尔·巴尔蒙德说："伸向蓝天是人类的志向，我们会继续向高处发展。工程师会从错误、灾难和悲剧中认真地吸取教训。我们会努力使这个世界变得越来越安全、越来越美好。然而无论是摩天楼还是日本茶室，在受到恐怖袭击后都无法躲过灾难。"

事实上，"9·11"事件以后，世界许多地方，包括中国，继续有新的超高层建筑出现。

第一部分

第1章

1《马克思恩格斯全集》（第2卷）. 北京：人民出版社，1972：205.

第2章

1《老子说解》引言. 济南：齐鲁书社，1989.

2《老子说解》引言. 济南：齐鲁书社，1989：80.

3 纪晓岚.《阅微草堂笔记》，引自《槐西杂志》.

4《资本论》. 见：《马克思恩格斯全集》（第23卷）. 北京：人民出版社，1972：205.

第3章

1 J. H. Breastedl, The Conquest of Civilization，中译本《走出蒙昧》. 周作宇等译，南京：江苏人民出版社：下册431-432.

2 The Origin of European Civilization – Hellenis，中译本《文明的起源——希腊艺术》，北京：中国电影出版社，2005：158-159.

3 见《庄子·天地》。

4 见《荀子·正名》。

第4章

1 徐飚.《成器之道—先秦工艺造物思想研究》. 南京：江苏美术出版社，2008：11；亚里土多德.《形而上学》，吴寿彭译. 北京：商务印书馆，1991.

2《艺术哲学》，程孟辉译. 北京：中国社会科学出版社，1986：82.

3 黑格尔.《美学》（第一卷），朱光潜译. 北京：商务印书馆，1986：25.

4 赵宪章主编.《西方形式美学》. 上海：上海人民出版社，1998：210.

5 赵宪章主编.《西方形式美学》. 上海：上海人民出版社，1998，278.

6 黑格尔.《美学》（第一卷），朱光潜译. 北京：商务印书馆，1986：105.

7 黑格尔.《美学》（第三卷），朱光潜译. 北京：商务印书馆，1986：16.

8 安藤忠雄等.《"建筑学"的教科书》,包慕萍译. 北京:中国建筑工业出版社,2009:10.

9 梁启超.《论清学史两种》. 上海:上海古籍出版社,1979.

10《中国大百科全书:哲学卷》. 北京:中国大百科全书出版社,1987:1241.

第5章

1《中国大百科全书:哲学卷》. 北京:中国大百科全书出版社,1987:644.

第6章

1 伽达默尔.《真理与方法》. 上海:上海译文出版社,1992:204.

2 车尔尼雪夫斯基.《生活与美学》,周扬译. 北京:人民文学出版社,1957.

3 黑格尔.《美学》(第三卷),朱光潜译. 北京:商务印书馆,1986:328.

4 黑格尔.《美学》(第三卷),朱光潜译. 北京:商务印书馆,1986:12,13,15,16.

5 黑格尔.《美学》(第三卷),朱光潜译. 北京:商务印书馆,1986:12,13.

6 黑格尔.《美学》(第三卷),朱光潜译. 北京:商务印书馆,1986:16.

7 黑格尔.《美学》(第三卷),朱光潜译. 北京:商务印书馆,1986:29.

8 黑格尔.《美学》(第三卷),朱光潜译. 北京:商务印书馆,1986:109.

9 黑格尔.《美学》(第三卷),朱光潜译. 北京:商务印书馆,1986:336.

10 科林伍德.《艺术原理》. 北京:中国社会科学出版社,1985:6.

11 科林伍德.《艺术原理》. 北京:中国社会科学出版社,1985:7.

12 康德.《判断力批判》(上卷). 北京:商务印书馆,1964:40-41.

13 北京大学哲学系美学教研室.《西方美学家论美和美感》. 北京:商务印书馆,1980:19.

14 桑塔耶纳.《美感》,缪灵珠译. 北京:中国社会科学出版社,1982:1.

15 桑塔耶纳.《美感》,缪灵珠译. 北京:中国社会科学出版社,1982:5-6.

16 见《庄子·天地》。

17 理查德·舒斯特曼.《实用主义美学》,彭锋译. 北京:商务印书馆,2002:59.

第7章

1 英加登.《审美经验与审美对象》. 见:李普曼编.《当代美学》. 北京:光明日报

出版社，1986：288，284.

2 萨特.《审美对象的非现实性》. 见：李普曼编.《当代美学》. 北京：光明日报出版社，1986：137-143.

3 柏拉图.《柏拉图文艺对话集》. 北京：人民文学出版社，1963：272.

4 赛德利.《古希腊罗马哲学》. 北京：三联书店，1957.

5 柳宗元.《邕州柳中丞作马退山茅亭记》. 见：叶朗.《美在意象》. 北京：北京大学出版社，2010.

6 萨特. 为什么写作. 见：叶朗.《美在意象》. 北京：北京大学出版社，2010.

7 胡家祥.《审美学》. 北京：北京大学出版社，2000：66.

8 曹俊峰.《论马克思"美的规律"的适用范围》. 美学，2009（1）.

9 叶朗.《美在意象》. 北京：北京大学出版社，2010.

10 鲁西.《艺术意象论》. 南宁：广西教育出版社，1995.

11 梁启超：《饮冰室文集》（第二册）：自由书-惟心，中华书局，1989.

第8章

1 引自王羲之《兰亭集序》。

2 海德格尔.《林中路》（修订本），孙周兴译. 上海：上海译文出版社，2004：1-70.

3 恩格斯.《自然辩证法》. 见：《马克思恩格斯选集》（第3卷）. 北京：人民出版社，1972.

4 李普曼编.《当代美学》. 北京：光明日报出版社，1986：282-291.

5 笛卡儿答麦尔生神父信（1630年2月25日），引自北京大学哲学系编.《西方美学家论美和美感》. 北京：商务印书馆，1982：78.

6 曹俊峰.《论马克思"美的规律"的适用范围》. 美学，2009（1）.

7 海德格尔.《林中路》，孙周兴译. 上海：上海译文出版社，2004：译者序.

第二部分

第9章

1 恩格斯.《反杜林论》. 北京：人民出版社，1970：333.

2 张德彝.《航海述奇》. 长沙：湖南人民出版社，1981.

3 郑曦原编.《帝国的回忆——纽约时报晚清观察记》. 北京：生活·读书·新知三

联书店，2001：338.

4 恩格斯.《英国工人阶级状况》. 见:《马克思恩格斯全集》(第2卷). 北京:人民出版社，1972：291.

5 马克思.《雇佣劳动与资本》. 见:《马克思恩格斯选集》(第1卷). 北京:人民出版社，1972：367.

第10章

1 见《古文观止》卷五。

2 T. Hamlin. Greek Revival Architecture in America，1944.

3 Hcinrich Hubsch: In welchem Style sollen wir bauan? Verlag Karlsruhe, 1828.

4 John Ruskin. The Sseven Lamps of Architecture，1849.

5 斯特莱切.《维多利亚女王传》，卞之琳译. 北京:生活. 读书. 新知三联书店，1986.

6 张德彝.《欧美环游记再述奇》. 长沙:湖南人民出版社，1981.

第11章

1 吉迪恩.《空间-时间-建筑》(初版于1941年在美国出版，简体中文译本根据原著第五版翻译)，王锦堂，孙全文译. 武汉:华中科技大学出版社，2014：483-489.

2 W. Gropius. Scope of Total Architecture. New York:Macmillan, 1955：81、94.

3 S. Giedion. Walter Gropius: Work and Teamwork. New Yrk:Reinhold, 1954：77.

4 F. Witford. Bauhaus. London:Thames and Hudson Ltd. ，1984;弗兰克·惠特福德.《包豪斯》，林鹤译. 北京:生活·读书·新知三联书店，2001.

5 米尚志编译.《动荡中的繁荣—魏玛时期德国文化》. 杭州:浙江人民出版社，1988.

6 Leland Roth. AConcse History of American Architecture. New York：Harper& Row Publishers, 1979：240.

7《马克思恩格斯选集》(第4卷)，北京:人民出版社，1972：496.

8 Richard H. Pells. 激进的理想与美国之梦：大萧条岁月中的文化和社会思想. 卢允中，吕佩茵译. 上海外语教育出版社，1992.

9 引自K. Frampton：. Modern Arhitecture—— A Critical History. Revised edition. Thames and Hudson Ltd. New York，1985：240.

10 林秉贤.《社会心理学》. 北京：群众出版社，1986：424.

第12章

1 克莱夫·贝尔.《艺术》，周金环、马钟元译. 北京：中国文艺联合出版公司，1984；克莱夫·贝尔.《艺术》，薛华译. 南京：江苏教育出版社，2005.

2 克莱夫·贝尔.《艺术》，周金环、马钟元译. 北京：中国文艺联合出版公司，1984：4.

3 克莱夫·贝尔.《艺术》，周金环、马钟元译. 北京：中国文艺联合出版公司，1984：47.

4 韩愈.《送高闲上人序》，见：张锡庚等.《书法10讲》. 上海：上海书法出版社，2004：141.

5 宗白华.《美学散步》. 上海：上海人民出版社，1981：136，138.

6 马克思.《政治经济学批判导言》，见：《马克思恩格斯选集》（第2卷），北京：人民出版社，1972：95.

7《马克思恩格斯选集》（第42卷），北京：人民出版社，1972：126.

8 玛克奇·德索.《美学与艺术理论》，兰金仁译. 北京：中国社会科学出版社，1987：2.

9 译文见：汪坦、陈志华编.《现代西方艺术美学文选》. 春风文艺出版社/辽宁教育出版社，1989：7.

10 同上，68。

11 陶渊明.《饮酒二十首》之五. 见：《陶渊明集》. 长沙：岳麓书社，1996：18.

第13章

1 李幼蒸.《理论符号学导论》. 北京，中国社会科学出版社，1993. 527

2 同上。

3 同上，527-529。

4 梁思成.《清式营造则例》. 北京：中国建筑工业出版社，1981.

5 吴焕加.《现代建筑20讲》. 北京：生活·读书·新知三联书店，2007：353.

6 克莱夫·贝尔.《艺术》，周金环、马钟元译. 北京：中国文艺联合出版公司，

1984：47.

7 引自王羲之《兰亭集序》。

第14章

1 R. Venturi. Complexity and Contradiction in Architecture. New York：Museum of Modern Art，1966，Second edition 1977.

2 同上，16.

3 同上，16.

4 同上，11.

5 同上，23.

6 R. Venturi，Denise S. Brown，S. Izenour. Learning from Las Vegas. The MIT Press，1977.

7 P. Peter Blake. Form Follows Fiasco— Why Modern Architecture Hasn't worked. Little. Boston：Brown and Company，1977：51.

8 张钦哲、朱纯华.《菲利浦. 约翰逊》. 北京：中国建筑工业出版社，1990：149、151.

9 P. Peter Blake. Form Follows Fiasco— Why Modern Architecture Hasn't worked. Little. Boston：Brown and Company，1977：149.

10 Tom Wolf. From Bauhaus to Our House. TIME. 1979，January：8、52-59

11 Aurelio Poccei（奥尔利欧·佩奇）.《世界的未来——关于未来问题一百页》. 见：丹尼尔·贝尔.《后工业社会的来临》. 北京：商务印书馆，1984：529.

12 1988年10月29日路透社电，见1988年11月15日参考消息。

13 王岳川、尚水编.《后现代主义文化与美学》. 北京：北京大学出版社，1992：2.

14 王岳川、尚水编.《后现代主义文化与美学》. 北京：北京大学出版社，1992：32-33.

15 K. Frampton. Modern Architecture—A Critical History. Thames and Hudson，1985：313.

16 B. Zevi. Is P-M Architecture Serius? . 原文载意大利杂志L'Espresso，英国 Architectural Desigh. 1982（1-2）：20-21.

17 Robert Hughes. Doing Their Own Thing. U. S. architects：goodbye to glass boxes and all tha. TIME 1979, Jan（8）：52.

18 Piano + Rogers. A Statement. Architecture Design. 1977（2）：87.

19 Piano + Rogers. A Statement. Architecture Design. 1977（2）：87.

20 Piano + Rogers. A Statement. Architecture Design. 1977（2）：87.

21 Progresive Architecture. 美国《进步建筑》May 1977. 84

22《中国大百科全书·哲学卷》. 北京：中国大百科全书出版社，1987.

23 包亚明.《德里达解构理论的启示力》. 学术月刊. 1992（9）.

24 张永和.《采访彼德. 埃森曼》. 世界建筑. 1991（2）.

25 Charles Jencks. Deconstruction：the Pleasures of Absence. A. D. No. 3/4，1988. 17–31.

26 G. 尼科里斯、I. 普利高津.《探索复杂性》，罗久里、陈奎宁译. 成都：四川教育出版社，1986：4.

27 詹·格莱克.《混沌，开创新科学》，张淑誉译. 上海：上海译文出版社，1990.

28 G·尼科里斯、I·普利高津.《探索复杂性》，罗久里、陈奎宁译. 成都：四川教育出版社，1986：4.

29 James Gleick. CHAOS：Making a New Science. 中译本卢侃、孙建华编译.《混沌学传奇》. 上海：上海翻译出版公司，1991：264、266.

30 查·詹克斯.《后现代建筑语言》，吴介祯译. 台北：田园城市文化事业有限公司，1998：175.

31《共产党宣言》. 见：《马克思恩格斯全集》（第1卷）. 北京：人民出版社，1972：254.

32 F. Gehry. The Search for a "No rules" Architecture. Architecture Record，June. 1976：95.

33 F. Gehry. The Search for a "No rules" Architecture. Architecture Record，June. 1976：95.

34 No，I'm an Architect—Frank Gehry and Peter Arnell：A Conversation，Frank Gehry — Buildings and Project. Rizzoli，1985.

第15章

1 刘叔成、夏之放、楼昔勇.《美学基本原理》. 上海：上海人民出版社，2005：81.

2 胡家祥.《审美学》. 北京：北京大学出版社，2000：66.

3 Talbot Hamlin. FORMS and FUNCTIONS of 20th–CENTURY ARCHITECTURE.

VOLUME TWO . The Principles of Composition. New York ：Columbia University Press, 1952. 第二卷中译本《建筑形式美的原则》，邹德侬译. 北京：中国建筑工业出版社，1982.

4 R. Venturi. Complexity and Contradiction in Architecture. New York：Museum of Modern Art，1966，Second edition 1977.

第16章

1 见欧阳修《醉翁亭记》。

2（明）计成.《园冶-注释》，陈植注释. 北京：中国建筑工业出版社，1988：51、56、59.

3 特伦斯·霍克斯.《结构主义和符号学》瞿铁鹏，译. 上海译文出版社，1997：61，70.

4 Charles Jencks. The Language of Post-Modern Architecture. Rizzoli Publication Inc. 1977.

5 老子. 道德经. 二十一章

6 D. Pauly. The Chapel of Ronchamp as an Example of Le Corbusier's Creative Process. H. Brooks. Le Corbusier. Princeton，1987.

7（法）勒·柯布西耶 、（瑞士）W·博奥席耶等.《勒·柯布西耶全集》. 北京：中国建筑工业出版社，2005.

8 以上资料均见于D. Pauly相关论文。

9 引自美国建筑杂志《ARCHITECTURE》1987年10月号，第31页。

10 见上海《文汇报》，1992年4月25日。

11（法）勒·柯布西耶 、（瑞士）W·博奥席耶等.《勒·柯布西耶全集》. 北京：中国建筑工业出版社，2005.

12（法）勒·柯布西耶 、（瑞士）W·博奥席耶等.《勒·柯布西耶全集》. 北京：中国建筑工业出版社，2005.

13 洪谦主编.《西方现代资产阶级哲学论著选辑》. 北京：商务印书馆，1964：398.

14 转引自美国《ARCHITECTURE》杂志，1987年10月号，第31页。

15 柯布西耶《直角之诗》（《Le Poeme de L'AngleDroit》，1953）

16 OPPOSITION—A Journal Published. MIT Press，1980：19/20

17 Peter Blake. The Master Builders. New York，1976：163.

18 J. Sterling. Ronchamp and the crisis 0f Rationalism，Arch. Review，March，1956.

19 Philip C. Johnson. Writings：Philip Johnson. Oxford University Press，1979.

20（荷兰）佛克马，伯顿斯.《走向后现代主义》. 王宁，等，译. 北京大学出版社，1991：229.

21 Clive Bell . Art，1914. 中译本《艺术》，中国文艺联合出版公司，1984；《艺术》，江苏教育出版社，2005.

22 AIA JOURNAL，1978，July.

23 安藤忠雄等.《"建筑学"的教科书》，包慕萍译. 北京：中国建筑工业出版社，2009：8、14.

第三部分

第17章

1 鲍鼎、刘敦桢、梁思成.《汉代的建筑式样与装饰》. 见：《中国营造学社汇刊》第五卷第三期，1934年12月.

2 梁思成.《清式营造则例》. 北京：中国建筑工业出版社，1981：3.

3 梁思成.《梁思成文集》（第三卷）. 北京：中国建筑工业出版社，1985：14.

4 何重建.《上海近代营造业的形成及特征》. 见：《第三次中国近代建筑史研讨会论文集》. 北京. 中国建筑工业出版社，1991：118.

5 宁可主编.《中国经济发展史》. 北京：中国经济出版社，1999.

6 孙健.《中国经济通史》（下卷）. 北京：中国人民大学出版社，2000：1504.

7 见《论语·子路》。

第18章

1 J. Ruskin. The Seven Lamps of Architecture. Dover Publications，1989.

2 梁漱溟.《这个世界会好吗》. 上海：东方出版中心，2006：11.

3 梁思成于1959年6月2日在建筑工程部和中国建筑学会在上海联合召开的住宅建筑标准及建筑艺术问题座谈会上的发言. 见：梁思成.《梁思成文集》（第四卷）. 北京：中国建筑工业出版社，1986：168.

4 刘凡. 吕彦直及中山陵建造经过. 见：《第三次中国近代建筑史研讨会论文集》.

北京：中国建筑工业出版社，1991：137.

5 张复合.《北京近代建筑史》. 北京：清华大学出版社，2004：282.

6 徐德林.《接合：作为实践的理论与方法》，外国文学评论. 2013（3）.

7 见《邕州柳中丞作马退山茅亭记》。

8 吴建雍、王岗.《北京城市生活史》. 北京：开明出版社，1997.

9 邓云乡. 北京四合院. 北京：人民日报出版社，1990.

第19章

1 见《国语·郑语》。

2 见《左传·昭公二十年》。

3 刘鄂培主编.《综会创新——张岱年先生学记》. 北京：清华大学出版社，2002.

第20章

1 中国第一历史档案馆档案，转自张复合.《北京近代建筑史》. 北京：清华大学出版社，2004：24.

2 转引自周宪《中国当代审美文化研究》. 北京：北京大学出版社，1998.

3 阮炜.《文明的表现》. 北京：北京大学出版社，2001：21.

4 阮炜.《文明的表现》. 北京：北京大学出版社，2001：43.

附录1

1 见（清）裕德菱《清宫禁二年记》一卷。
2 见（清）裕德菱《清宫禁二年记》一卷。

附录2

1 王蒙.《中国天机》. 合肥：时代出版传媒股份有限公司\安徽文艺出版社，2012：312.

附录3

1 吴焕加.《国外著名建筑师丛书——雅马萨奇》. 北京：中国建筑工业出版社，1993.